煤层气勘探开发理论技术与实践系列丛书
国家科技重大专项大型油气田及煤层气开发(2011ZX05034-002)课题和
　　(2016ZX05067001-007)专题　　　　　　　　　　　　　资助
山西省煤层气联合研究基金(2016012007)

煤储层水力压裂裂缝延展机制

Meichuceng Shuili Yalie Liefeng Yanzhan Jizhi

王生维　陈立超　等著

中国地质大学出版社
ZHONGGUO DIZHI DAXUE CHUBANSHE

图书在版编目(CIP)数据

煤储层水力压裂裂缝延展机制/王生维,陈立超等著. —武汉:中国地质大学出版社,2017.9
(煤层气勘探开发理论技术与实践系列丛书)
ISBN 978-7-5625-4078-6

Ⅰ.①煤…
Ⅱ.①王…②陈…
Ⅲ.①煤田-水力压裂-裂缝延伸
Ⅳ.①TD742

中国版本图书馆 CIP 数据核字(2017)第 223146 号

煤储层水力压裂裂缝延展机制				王生维　陈立超　等著
责任编辑:段连秀		策划编辑:段连秀		责任校对:周　旭
出版发行:中国地质大学出版社有限责任公司(武汉市洪山区鲁磨路388号)				邮政编码:430074
电　　话:(027)67883511		传真:67883580		E-mail:cbb@cug.edu.cn
经　　销:全国新华书店				http://cugp.cug.edu.cn
开本:787毫米×1092毫米 1/16			字数:170千字	印张:6.75
版次:2017年9月第1版			印次:2017年9月第1次印刷	
印刷:武汉市籍缘印刷厂			印数:1—1000册	
ISBN 978-7-5625-4078-6				定价:78.00元

如有印装质量问题请与印刷厂联系调换

煤层气勘探开发理论技术与实践系列丛书

编委会名单

主　　　任：王生维

副　主　任：乌效鸣　王峰明　李　瑞

　　　　　　陈立超　张　洲

编委会成员：(以姓氏笔画排序)

吕帅锋　吕　凯　刘少杰　刘　伟

刘旺博　刘和平　刘建华　孙钦平

杨青雄　杨　健　李俊阳　肖宇航

何俊铧　谷媛媛　张　明　张典坤

张晓飞　张　晨　陈文文　陈安冬

孟　欣　赵俊芳　胡　奇　侯光久

贺　飞　袁　铭　晁巍巍　唐江林

董庆祥　韩　兵　粟冬梅

总 序

我国的煤层气产业经过国家"八五"到"十三五"规划期间近 30 年的科技攻关与工程实践，已经建成了沁水盆地南部、鄂尔多斯盆地北部和东缘等煤层气田，同时在新疆、贵州、东北等煤区也形成了一定的煤层气产能。目前煤层气勘探开发技术已经延伸到煤矿生产过程中利用地面工程治理采煤工作面煤层瓦斯领域。

煤层气勘探开发长期实践极大地促进了我国煤层气勘探开发理论水平的提高和工程技术的不断创新。作为我国煤层气勘探开发长期实践的亲历者，本课题组成员在先期参与全国各主要煤层气区勘探工程的基础上，又陆续参与了沁水盆地南部、内蒙古、新疆等煤区的煤层气勘探开发实践。本丛书在系统总结现有煤层气勘探开发理论认识和实践经验基础上，集中展现了作者团队在煤层气勘探开发方面积累的系列研究成果，主要包括煤层气勘探开发选区、煤储层评价原理与技术、煤层气藏地质、煤层气井钻井工艺技术、煤储层水力压裂裂缝延展机理以及煤层气排采工程。

煤层气勘探开发的成败在很大程度上取决于对煤层气藏地质条件认识的深刻程度，取决于所采用的工程技术措施是否适合于拟勘探开发的煤层气藏地质条件。在构成煤层气藏地质的所有要素中，首先是煤储层的煤体结构及其对应的大裂隙系统发育特征，不仅对煤层气藏赋存起着至关重要的控制作用，而且深刻影响着工程技术措施的效果；其次是煤层气藏的含气性和构造、水文地质等封闭保存条件，在煤层气勘探开发过程中的钻井、压裂和排采工程环节，对煤层气的顺利产出也起着决定性作用。因此，煤层气勘探开发必须将煤层气藏地质认识与一系列工程措施有机结合，才可能获得比较理想的勘探开发效果。

我国煤层气藏地质条件比较复杂，在长期的煤层气勘探开发实践中，遇到过各种各样的特殊地质条件和工程技术难题，积累了许多成功经验，包括地质理论认识和工程技术实践经验，建成了一批高产煤层气井；但是也存在不少低产煤层气井。认真回顾和总结煤层气开发的经验教训，形成比较系统的煤层气开发工程认识成果，是编著《煤层气勘探开发理论技术与实践系列丛书》的初衷，旨在指导和促进煤层气勘探开发理论和技术水平的提高，更好地培养煤层气勘探开发工程的技术人才。

中国地质大学(武汉)煤层气勘探开发研究团队起步于1992年的国家"八五"科技项目，长期坚持煤层气藏地质认识与开发工程的有机结合，先后完成了国家"973"课题、"十一五"和"十二五"国家科技重大专项中大型油气田与煤层气开发的课题，以及企业委托项目等。本团队的煤层气勘探开发研究经历大致为：①研究煤储层特征、勘探选区、钻井液及压裂液污染防护的起步跟踪阶段；②研究煤储层大裂隙系统、压裂煤层气井开挖跟踪观测、煤层气开发井产能和生产历史综合分析的发展阶段；③研究和实践煤层气开发新井型、在气藏条件复杂煤区开发煤层气、研发部分新探测仪器等的创新阶段。长期不懈的科研生产实践形成了一系列的理论认识和技术成果。

《煤储层岩石物理研究与煤层气勘探选区》从煤储层的孔隙、裂隙系统研究入手，提出了依托矿井人工煤储层露头进行煤储层岩石物理和煤层气藏研究的技术方法体系，促进了煤层气藏封闭特征、煤储层可改造性、煤层气可采性、煤层气富集与高产影响因素的分析和预测。

《煤储层物性控制机理及有利储层预测方法》在沁水盆地南部详细的煤储层观测研究基础上，发现并阐述了煤储层内部的天然大裂隙系统。

《煤储层评价原理技术方法及应用》在研究煤储层的孔隙及大裂隙系统发育特征基础上，发现了小微构造与煤储层大裂隙系统发育特征之间的关系，总结了煤储层评价在煤层气开发与瓦斯防治中的应用，介绍了煤层气藏的主要探测技术。

《中国若干煤区煤层气藏地质》以沁水盆地南部、内蒙古和新疆等煤区的煤层气藏地质研究为例，总结了煤储层大裂隙系统的发育特征、煤层气藏围岩与煤储层大裂隙系统之间的关系，研究了煤层气藏封闭保存、煤层水、煤层气成藏、典型煤层气藏的特征及其描述方法。

《煤与煤层气钻井工艺》在系统总结以往多年煤层气钻井工艺技术基础上，重点阐述了获取煤心技术、控向钻进技术、复杂煤系地层井眼护壁稳定及钻井液技术。

《煤储层水力压裂裂缝延展机制》在总结水力压裂煤层气井开挖解剖成果的基础上,阐述了煤储层水力压裂裂缝延展与内部充填特征、煤储层压裂液"滤失"特征及机理,研究了煤储层水力压裂裂缝延展机制、煤储层压裂裂缝充填机制。

《煤层气排采工程》在系统分析煤储层导流裂缝系统和煤层气井流体产出规律的基础上,结合煤层气井排采成功的工程实践,总结了煤层气井不同产出阶段的特征以及复杂流体通道排采响应特征。另外,在总结排采过程的高产稳产控制措施经验的基础上,提出了独到的理论认识和技术方法。

《煤层气开发技术与实践》以沁水盆地南部煤层气开发为例,从煤层气藏地质、煤层气井钻井、煤储层压裂增产、煤层气井排采、煤层气井集输等方面系统阐述了我国高煤阶煤层气开发工程技术突破的历史过程。

本丛书较系统地总结了我国以沁水盆地南部、内蒙古和新疆等煤区为代表的煤层气勘探开发方面的理论技术和工程实践的成果,既有煤储层和煤层气藏等方面的理论认识,又有钻井、压裂、排采工程技术的实践经验。在编写方面强调科学性、实用性和可操作性,可供从事煤层气开发工程的管理者和科技人员参考,也可作为高等教育的参考教材。

在本丛书的出版之际,对参与本丛书撰写、出版和曾经给予大力支持的所有单位和个人,一并致以衷心的感谢!

鉴于著者水平有限,书中难免存在错误及不完善之处,敬请读者批评指正。

著　者

2017 年 9 月

前 言

煤储层水力压裂裂缝延展特征及内部充填模式一直是煤层气开发工程中极为重要的技术问题，它不仅是评价煤层气井压裂改造效果的指标，也是制约煤层气井产能的重要参数。要查明煤储层压裂裂缝、内部充填特征及其控制因素，不仅需要采用压裂煤层气井在矿井开采过程中的跟踪观察，而且也需要理论分析和室内试验等技术手段。为此，著者按照上述研究思路和技术方法，从2009年开始跟踪研究煤矿采掘工作面揭露的地面煤层气水力压裂井中煤储层压裂裂缝的延展特征及裂缝充填物的分布特征，在沁水盆地南部寺河矿、成庄矿等地开展煤储层压裂裂缝井下观测解剖的现场工作，经过试验分析和理论研究，初步查明了煤储层压裂裂缝的延展机制及充填模式。

本书共分六章。第一章介绍了煤储层水力压裂裂缝的研究背景、国内外研究现状等。第二章介绍了煤储层水力压裂裂缝矿井解剖的原理及工作流程，提出了沁水盆地南部煤储层压裂裂缝延展的主要模式。第三章阐述了用于测试煤岩压裂液的滤失途径及滤失量的试验系统，获得了原生结构煤、构造煤样品压裂液滤失的特征参数（滤失量、滤失路径），总结了不同煤体结构煤岩压裂液的滤失路径及空间展布。第四章研究了原生结构煤、构造煤压裂液滤失的动力学机制，结合损伤力学提出构造煤压裂液的滤失模式，构建了原生结构煤、构造煤压裂液滤失量计算的数学模型，分析了压裂液滤液闭锁对煤层气藏流体产出的伤害机制，提出了煤储层滤液伤害的防治工艺措施。第五章提出了煤储层压裂裂缝发展的过程，应用材料力学理论分析了压裂裂缝的启裂机制，建立了原生结构煤、构造煤压裂裂缝的启裂模式。

本书第一章、第三章由王生维撰写，第二章、第四章、第五章由陈立超撰写。全书由王生维统稿。

衷心感谢晋城煤业集团、寺河矿、成庄矿等单位在现场观测中给予的帮助和支持！衷心感谢山西蓝焰煤层气公司、中石油华北油田山西煤层气公司在现场解剖和基础研究等方面提供的大力帮助！感谢王保玉、王德璋、李国富、田永东、王峰明、赵彬、卫金善、吴光亮等专家的大力支持与帮助！

本研究得到国家科技重大专项大型油气田及煤层气开发2011ZX05034-002课题、2016ZX05067001-007专题，以及山西省煤层气联合研究基金（2012012007）（2014012011）（2016012007）的资助。

由于著者水平有限，书中难免存在不足之处，恳请读者批评指正。

著 者

2017年9月10日

目 录

第一章 概 论 ··· (1)

1.1 研究背景 ·· (1)

1.2 国内外研究现状 ·· (3)

　1.2.1 水力压裂机理 ··· (3)

　1.2.2 岩石损伤与压裂裂缝扩展机制 ··· (7)

　1.2.3 水力压裂模型 ··· (9)

　1.2.4 水力压裂多裂缝研究 ··· (13)

1.3 研究方法和内容 ··· (14)

　1.3.1 研究方法 ··· (14)

　1.3.2 研究内容 ··· (16)

第二章 煤储层水力压裂裂缝延展与内部充填特征 ·· (18)

2.1 煤储层压裂裂缝延展空间几何特征解剖 ·· (18)

　2.1.1 煤储层压裂裂缝特征解剖观测 ··· (18)

　2.1.2 区域地质及原生裂缝发育特征 ··· (20)

　2.1.3 沁水盆地 3# 煤储层压裂裂缝延展特征 ··· (23)

2.2 煤储层内压裂液流动范围特征解剖 ·· (27)

　2.2.1 煤储层内压裂液流动范围的研究原理及取样方法 ·································· (27)

　2.2.2 煤储层压裂混合液平面分布特征规律 ··· (31)

　2.2.3 压裂液的分布与原生裂缝系统的关系 ··· (35)

2.3 煤储层压裂裂缝内部充填特征解剖 ·· (36)

　2.3.1 压裂裂缝内充填物的组成及形态特征 ··· (36)

2.3.2 压裂裂缝内支撑剂空间特征变化规律 ……………………………… (39)

   2.3.3 支撑剂分布部位及砂运动特征分析 ………………………………… (40)

   2.3.4 压裂裂缝充填物分布特征及控制因素 ……………………………… (42)

 2.4 小　结 ………………………………………………………………………… (44)

第三章　煤储层压裂液滤失特征及机理 ……………………………………… (45)

 3.1 煤储层压裂液滤失的概念 …………………………………………………… (45)

 3.2 煤储层压裂液滤失的空间及路径 …………………………………………… (46)

   3.2.1 煤储层压裂液滤失特征实验 …………………………………………… (46)

   3.2.2 压裂液滤失的空间和路径分析 ………………………………………… (50)

 3.3 煤储层压裂液滤失的动力学机制 …………………………………………… (53)

   3.3.1 原生结构煤压裂液滤失动力机制 ……………………………………… (54)

   3.3.2 构造煤压裂液滤失动力学机制 ………………………………………… (57)

 3.4 煤储层压裂液滤失量计算数学模型 ………………………………………… (59)

   3.4.1 压裂中的滤失量计算原理 ……………………………………………… (59)

   3.4.2 原生结构煤压裂液滤失的数学模型 …………………………………… (60)

   3.4.3 构造煤压裂液滤失的数学模型 ………………………………………… (60)

 3.5 煤储层裂缝内压裂液滤失伤害机制 ………………………………………… (61)

 3.6 小　结 ………………………………………………………………………… (62)

第四章　煤储层水力压裂裂缝延展机制 ……………………………………… (64)

 4.1 煤储层压裂裂缝发展过程 …………………………………………………… (64)

 4.2 煤储层压裂裂缝启裂机制 …………………………………………………… (66)

   4.2.1 原生结构煤压裂裂缝启裂机制 ………………………………………… (66)

   4.2.2 构造煤压裂裂缝启裂机制 ……………………………………………… (68)

 4.3 煤储层压裂裂缝延展机制 …………………………………………………… (69)

   4.3.1 压裂液体的注入路线 …………………………………………………… (69)

   4.3.2 煤储层原生裂隙系统与压裂裂缝延展的关系 ………………………… (70)

   4.3.3 支撑裂缝颗粒充填扩张力链作用 ……………………………………… (71)

   4.3.4 裂缝充填扩张的力学条件 ……………………………………………… (72)

  4.4 煤储层压裂裂缝横向扩张机制损伤力学分析……………………………(73)

  4.5 小 结……………………………………………………………………(75)

第五章 煤储层压裂裂缝充填机制………………………………………………(77)

  5.1 煤粉源集合体分布特征……………………………………………………(77)

  5.2 煤粉源集合体造浆作用和聚集作用…………………………………………(78)

    5.2.1 构造煤粉源集合体造浆作用……………………………………………(78)

    5.2.2 原生裂缝煤粉源集合体聚集作用………………………………………(80)

  5.3 煤粉源集合体对水力压裂效果的影响……………………………………(81)

    5.3.1 煤粉源集合体发育特征…………………………………………………(81)

    5.3.2 煤层气井水力压裂效果对比分析………………………………………(81)

    5.3.3 煤粉源控制压裂效果机理及防控措施…………………………………(82)

  5.4 煤层气井近井压裂裂缝堵塞机制…………………………………………(82)

  5.5 小 结……………………………………………………………………(85)

参考文献………………………………………………………………………………(86)

第一章 概 论

1.1 研究背景

随着我国煤层气产业规模的日益扩大,煤层气勘探开发扩展到地下深部、构造复杂、高地应力煤区,开发目标煤储层的物性条件也越来越复杂,因煤层埋深加大、地应力增高、小微构造发育等因素导致的煤体结构复杂性越发显著,且这种复杂性严重制约着煤储层的原始渗透性,进而影响煤层气井生产能力及矿井煤层气的抽放效率(王生维等,2012;李明潮等,1996;钱凯等,1996;桑树勋等,2001)。

当前,国内外煤层气开发公司均将水力压裂改造技术作为改善煤储层物性、提高气藏流体渗流能力的关键手段之一(王鸿勋等,1998;王鸿勋,1983;乌效鸣,1997),然而现实是在国内有相当数量的煤层气井水力压裂效果并不理想,尤其是在煤体结构复杂的地区,煤层气井压裂施工难度大、压裂造缝效果差、煤层气井寿命短的现象依然普遍,煤储层岩石物性及其内部结构特征是重要内因。煤储层岩石物性对煤层气井水力压裂造缝效果影响非常关键,并主要体现在煤储层为孔隙、裂缝非常发育的双孔隙储层。

煤储层内部原生孔、裂隙系统发育对压裂造缝效果的影响方式有:低级别的孔隙及微裂隙(几微米—几百微米)控制着气井水力压裂中压裂液的滤失程度,进而影响压裂中压裂液有效造缝的规模及效率;高级别的气胀节理及构造节理(十几厘米—几米)直接控制着压裂裂缝的延展方位及空间尺寸,依据最小耗能原理(李正军,2011;周筑宝,1998,2001;赵忠虎等,2008),压裂裂缝延展基本沿着原始构造节理并对其进行拓宽、延长,而延展的方位与构造节理曲折程度及裂缝壁面特征存在一定的关系。从矿井解剖来看,煤储层压裂裂缝延展同样严格遵循最小耗能原理。

更为重要的是,煤储层煤体结构对压裂造缝效果的影响。煤岩是一种自然损伤材料,煤岩中存在着各种缺陷或裂纹,如裂隙、空洞、层理、节理,这些无疑会对煤岩的动、静态损伤断裂产生影响。当作用于煤岩的载荷超过弹性极限时,煤岩就表现出明显的非弹性变形,而造成煤岩非弹性变形的主要原因是微裂纹扩展以及煤岩内部孔隙、微裂隙空间受到压缩,微裂纹的扩展和搭接对煤岩的力学性质产生显著影响,导致煤岩强度逐渐劣化到最后断裂。在常规储层水力压裂的裂缝形态研究中,人们对压裂裂缝的延伸扩展引入线弹性材料破裂判别准则,岩石介质被看作是连续的,没有缺陷、损伤及蠕变。但事实上,在煤岩中往往存在着奇异缺陷和分布缺陷,在裂纹附近区域中的岩石必然具有更严重的分布缺陷,其力学性质不同于距裂纹尖端附近处,并且在流体压力作用下,岩石不仅会发生弹性应变,还会发生损伤变化(Lemaitre,1984;卢应发等,1990;殷有泉,1995;王金龙等,1990;陶振宇等,1991;李新平等,1991;凌建明等,1992)。因此,为了更切合实际,必须从损伤力学和界面断裂力学角度研究岩石真实的破裂过程,即通过构建损伤模型,对不同损伤程度煤岩体构建压裂裂缝数学模型,解释煤岩体后期水力压裂过程中受压煤岩体内部微裂纹的产生、扩展、搭接以及后期失稳破坏的过程,综合分析煤储层主干压裂裂缝延展规模。

著者在对沁水盆地潘庄、成庄等区块 15 口煤层气井解剖中发现,其中 12 口煤层气井的压裂裂缝延展方位与近井筒部位构造节理发育方向平行;3 口煤层气井的压裂裂缝服从于延展方位平行最大水平主应力的原则。压裂裂缝空间几何尺寸方面,压裂裂缝的有效支撑裂缝长度多在 10m 以内,支撑裂缝宽度在井筒附近可达 10cm,且压裂裂缝均未压穿煤层(图1-1)。上述现象表明,煤储层压裂裂缝延展模式与传统压裂裂缝模型存在较大偏差,常规压裂造缝机制及压裂裂缝模型不适用于煤储层,简单地对其沿用甚至会错误估计煤层气井压裂造缝效果,导致煤层气井部署设计中放大井距,从而造成大面积的抽采残留体。

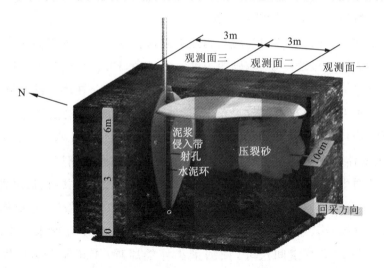

图 1-1　沁水盆地南部煤储层压裂裂缝延展特征(矿井解剖)

煤储层压裂液滤失对煤层气井水力压裂造缝效果控制非常显著,主要体现在:①压裂液滤失致使起到压裂造缝的压裂液体积消耗减少,大量压裂液进入煤岩基质内部,极大地影响了煤储层压裂造缝的规模与效果。②滤失压裂液进入煤岩基质后,通过内生裂隙缝间"闭锁"作用在压裂裂缝面两侧形成表皮效应(FFS),压裂裂缝壁面两侧煤岩内含水饱和度较高,大量压裂液分子锁在煤岩内部孔隙及微裂隙内部,从而屏蔽了外界的压力传递及气藏内部流体的产出,同时进入煤岩基质中的有机大分子也会对煤储层造成严重的导流能力伤害。因此客观厘定煤岩各类缺陷的空间大小,研究压裂液滤失的途径与空间,基于损伤力学理论构建煤储层压裂液滤失动力学模型,并查明压裂液闭锁机制,从而确定降滤失、防闭锁的有效措施具有重要的实践意义。

结合室内实验、矿井解剖取样,评价压裂液滤失对储层物性的伤害等研究工作是实现煤储层水力压裂液滤失防治的基础,同时煤储层压裂液滤失对煤层气井水力压裂造缝效果也是有利的。比如在煤储层压裂液滤失对支撑剂运移、沉降影响方面,矿井解剖发现,煤储层压裂裂缝内部支撑剂支撑效果尚可,主要是由于煤储层压裂液快速滤失导致裂缝闭合时间短,支撑剂颗粒沉降距离小,因此全缝高范围内支撑剂颗粒分布较为均匀。

煤层气压裂井解剖研究表明,照搬常规油气藏水力压裂理论构建煤储层水力压裂模式的误差比较大,问题集中体现在常规油气藏砂岩、页岩储层的岩石机械力学性质及其裂缝系统与煤储层存在质的差别,即内部损伤程度不同。水力压裂施工是一个产层岩石中的各种孔洞和微裂纹等在强烈的压裂液作用下不断生长交叉并最终贯通汇合成宏观水力裂缝的过程,宏观裂纹以及岩石内生长的微裂纹组在一定程度上增加了储层的渗流体积,提高了流体的渗流能力,同时也对整个岩石的力学性能造成了不可逆的损伤劣化(王钰,2012;李连崇等,2003;李广平,1995;高文学等,2000;Gurson,1977;李玮等,2008)。因此,在现有理论研究的基础上,充分考虑煤储层岩石物性,基于煤岩损失力学及材料断裂力学,通过煤层气井矿井解剖,将流体过程研究与煤储层裂缝延展紧密结合,建立符合煤储层特点的裂缝延展及颗粒充填模型,结合损伤力学与界面断裂力学理论,构建煤储层压裂裂缝延展机制与充填模式,无疑具有重要的理论与生产意义。

目前煤储层水力压裂裂缝延展机制与充填模式的复杂性极大地制约着煤层气井产能及后续改造工艺选择。煤储层压裂裂缝以裂缝发育复杂、裂缝内充填物分布规律不明、压裂液滤失程度高且后期对储层伤害程度深、解堵难度大等为特征。前期借鉴常规油气藏压裂裂缝理论,提出了煤储层压裂裂缝延展模式,但其裂缝模型与裂缝发育实际差异较大,裂缝启裂延展机制与客观实际有比较大的出入,且煤储层压裂裂缝内部充填物分布及运移特征偏重室内实验模拟及数值计算,煤储层压裂液滤失机制和空间、压裂裂缝堵塞机制等尚未开展系统研究,上述问题均严重制约着煤层气井水力压裂理论的创新,而且已经严重影响了煤层气井压裂工艺改进及后续排采生产。

因此,本书以沁水盆地南部 $3^{\#}$ 煤储层为例,基于矿井解剖、室内实验与理论分析,系统总结煤储层压裂裂缝延展机制与充填模式,研究压裂裂缝启裂延展机制,探究煤储层压裂液滤失机制,分析压裂裂缝充填机制及其对气井压裂效果和产能情况的制约。

1.2 国内外研究现状

1.2.1 水力压裂机理

自 1947 年水力压裂技术首次在美国堪萨斯州 Hugoton 气田试验性应用以来,岩石介质中的压裂裂缝启裂、裂缝扩展机制、水力压裂压裂液、支撑剂等一系列问题得到了广泛而深入的研究。在压裂裂缝启裂、裂缝扩展方面，Hubbert 和 Willis(1957)提出了第一个破裂压力的计算公式，该公式在上述假设下，应用了太沙基(Terzaghi)有效应力，故后人称为 H-W 公式。

国内学者亦对上述问题开展了研究。黄荣樽(1981)综合国外关于水力压裂裂缝的启裂和扩展的研究，提出了垂直裂缝和水平裂缝的启裂判据，并分析了影响裂缝延伸方向的各种因素。他认为裂缝的形成主要决定于井壁上的应力状态，而确定和影响应力状态的因素有地壳应力、地层的孔隙压力、井内液体压力、压裂液向地层中的渗滤流动以及被压裂地层的机械物理性质。刘翔鹗等(1983)指出油层水力压裂中除产生垂直于最小主应力的主裂缝外，还可产生其他方位的斜平缝、斜垂缝，这类裂缝的产生与井壁应力的变化有关，即在水力压裂中除存在张力裂缝外，在某些地应力条件下还存在以切应力为主的裂缝。在压裂施工中，如采用多次重复加压而不改变原地应力状态，可使已产生的裂缝继续延伸；如改变原地应力状态，则可形成新形态的裂缝。据此可提出"震动压裂"的概念，即可多次重复加压以扩展或增多裂缝，达到提高增产效果的目的。蒋惺耀等(1983)从力学模型、射孔、局部构造射孔应力场、岩层产状以及孔隙压力等诸多方面进行了系统的研究，提出射孔是调节破裂值、控制造缝初始方位和造缝形态、影响造缝效果的重要工艺措施，并对破裂压力预测公式进行了修正。李宾元(1984)基于断裂力学对油气井"水力压裂"的破裂压力分析，以二维弹性孔板理论为基础，应用线弹性断裂力学理论，对油气井水力压裂作了理论分析，得出了计算岩石破裂压力的公式。黄荣樽(1984)对地层破裂压力预测模式进行了探讨，从存在地质构造而产生非均匀地应力场的一般情况出发，分析井壁岩石呈现破裂的应力条件，以及考虑地层本身的强度性质提出了新的预测模式，并对模式中所包含的各项参数的确定方法进行了分析讨论。吴继周等(1990)利用线性四步法求解了水力压裂裂缝几何形态的数学模型，从而求得了裂缝各截面的高度、宽度和压力，通过大量计算，对影响裂缝几何形态的因素进行了分析，指出地层参数和施工参数都不同程度地影响裂缝的几何形态，主要影响因素有油层厚度、地层应力、杨氏模量、注入速度、黏度。李同林(1994)对水压致裂煤层裂缝发育特点进行了研究，通过大量煤岩力学性质测试，证实了试验区目的层煤岩弹性模量低、泊松比较高、脆性大、易破碎、易压缩，还得出了目的层煤岩 Mohr 断裂准则二次抛物线型包络线、煤层水压致裂裂缝形式判断条件、裂缝开裂角方位的计算公式以及有关结论。王仲茂和胡江明(1995)对水力压裂裂缝形态进行了研究。

乌效鸣(1995)对煤层气井水力压裂裂缝产状和形态进行了研究，定性分析得出 5 种有代表性的煤层裂缝形态，即恒高椭圆截面缝、恒高矩形截面缝、径向扩展垂直缝、径向扩展水平缝、变高型裂缝。阳友奎等(1995)据岩石断裂力学理论，证明了水力压裂裂缝具有与缝内压力分布无关的椭圆形自相似扩展特征，在此基础上，结合断裂力学与流体力学给出了水力压裂裂缝内压力分布的近似解析解。李同林(1997)运用弹性力学理论和材料强度理论，对煤层各向同性体水力压裂造缝机理进行了深入探讨，认为形成裂缝的关键因素是地应力及其分布和岩层力学的固有特性，压裂液的性质和注入方式同时也对裂缝形成有一定的影响。杨天鸿等(2002)研究了非均匀性对岩石水压致裂过程的影响机理,得出岩石不均质性导致产生不规则的水压破裂路径,以及岩石的不均质性对破裂的开始压力和失稳压力有很大影响的结论。邓广哲等(2004)对煤岩水压裂缝扩展行为特性进行研究,采用地应力场控制地下水压致裂的方法,通过来自铜川矿区的9块大型煤块试件,研究了水压裂缝扩展行为的控制参数。周健等(2007)采用大尺寸真三轴实验系统,探讨了天然裂缝与水力裂缝干扰后水力裂缝走向的宏观和微观影响因素,分析了压力曲线,提出了天然裂缝破坏准则,总结了不同地应力状态下裂缝的形态。杜春志等(2008)分析水力压裂时煤层裂缝的扩展特征,根据最大拉应力准则,分析了空间壁面裂隙扩展的力学条件。杨焦生等(2012)采用大尺寸(300mm×300mm×300mm)真三轴试验系统对煤储层裂缝形态进行测试(图1-2),研究了地应力、天然割理裂缝、隔层及界面性质对沁水盆地高煤阶煤岩水力裂缝扩展行为和形态的影响。

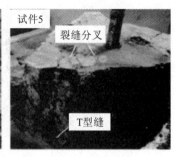

图1-2 煤储层压裂裂缝延展室内实验特征(杨焦生等,2012)

王素玲等(2012)采用扩展有限元法定量分析裂缝扩展机制,并采用白光散斑实验对低渗透储层砂/泥岩界面的裂缝扩展进行了实时跟踪。赵金洲等(2012)基于室内实验和矿场压裂,认为裂缝性地层水力裂缝在近井区域可能扩展为复杂的径向缝网,这与均质地层水力压裂产生的平面对称双翼裂缝具有显著的差异。基于弹性力学和岩石力学理论,考虑天然裂缝与射孔孔眼相交的情况,结合张性启裂准则,建立了裂缝性地层水力裂缝沿天然裂缝张性启裂的压力计算模型。程远方等(2013)对应力敏感条件下煤层压裂裂缝延伸进行了模拟研究,以清水为介质对晋城煤田煤样采用围压恒定不变、孔隙压力渐变的方式进行了应力敏感实验,分析了净围压与渗透率之间的关系,考虑渗透率动态变化对压裂液滤失的影响,推导了煤层压裂滤失系数计算方程,建立了应力敏感条件下煤层压裂裂缝延伸模型并提出了求解方法。宋晨鹏等(2014)分析了天然裂缝对煤层水力压裂裂缝扩展的影响。通过建立压裂裂缝遇煤岩交界面的二维模型,采用理论分析结合数值模拟的方法,对煤岩交界面的破坏机理及压裂裂缝扩展规律进行研究。许露露等(2014)以沁水盆地安泽区块煤储层为例,建立了水力压裂裂缝扩展模型,并对该模型的现场应用进行了研究。程亮等(2015)研究了倾斜煤层水力压裂启裂压力计算模型及判断准则。根据最大拉应力理论,分析真实环境下倾斜煤层压裂钻孔周围应力状态,建立压裂钻孔周围煤岩体启裂压力计算模型及判断准则,认为启裂压力随煤层倾角增大而增大,钻孔启裂位置随煤层倾角增大逐渐向走向方向偏转。Veatch(1983)对煤储层压裂裂缝延展与地应力关系进行了研究(图1-3)。

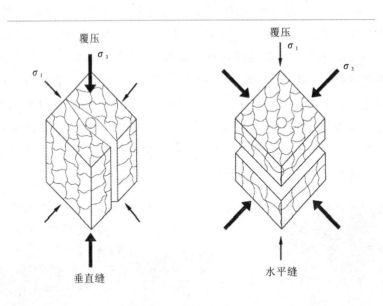

图1-3 煤储层压裂裂缝延展与地应力关系(Vertch,1983)

在支撑剂和压裂裂缝导流能力方面。王鸿勋和范承亚(1981)对水力压裂中加砂方式进行了研究。范承贵等(1989)对树脂涂层砂在压裂上的应用进行了探讨。黄志文等(2005)还对携砂液在裂缝中的流动阻力理论进行了分析,从理论上建立了求解裂缝中含砂液流动阻力的计算模型。胡景宏等(2008)详细分析了支撑剂运移回流的物理过程,通过对注入的最后一段支撑剂中的单颗粒支撑剂的受力分析,建立了支撑剂回流的运动模型和起动模型。张鹏(2011)对煤层气井压裂液流动和支撑剂分布规律进行了研究,分别建立了支撑剂沉降模型、水力压裂温度场模型、压裂液滤失模型、支撑剂输运模型,还建立了一套综合考虑支撑剂的沉降、温度、滤失等因素的支撑剂运移分布数值计算方法。邹雨时等(2011)进行了中—高煤阶煤岩压裂裂缝导流能力实验研究。张芬娜等(2013)基于Kozeny的毛细管岩石模型,建立了受煤粉影响后产气通道渗透率的模型,分析煤粉对产气通道渗透率和导流能力的影响,在以往渗流观点的基础上,研究煤层气沿产气通道的渗流模式,依据该渗流模式运用分段方法建立煤储层整体压降模型,探讨煤粉对煤层气井产气潜能的影响。杨尚谕等(2014)研究了煤层气水力压裂缝内变密度支撑剂运移规律,讨论了压裂液黏度、裂缝壁面、排量和支撑剂密度等参数对缝内铺砂浓度和有效支撑缝长的影响规律,分析了超低密度支撑剂在不同围压和温度工况下的破碎率。

在压裂液滤失方面。席先武和郑丽梅(2001)通过考虑煤层物性的应力敏感性,对石油上成熟的压裂液滤失系数计算公式进行了修正,初步探讨了煤层压裂时计算滤失系数的方法。李勇明等(2005)建立了裂缝性储层压裂液滤失计算的数学模型,采用正交变换法给出了模型的精确解,并讨论了其收敛性。王童等(2008)对水力压裂中滤失模型进行了研究。蒋海等(2008)就裂缝面滤失对压裂井产能的影响进行了分析,根据对压裂液滤失量及滤失深度的推导,得出了一套考虑压裂液滤失的表皮系数简单计算方法,同时考虑了造壁和非造壁两种情况下的滤失模型,并以拟稳定条件下压裂井产能预测模型为基础,就裂缝面滤失伤害对压裂井产能的影响进行了研究。宋佳等(2011)进行了煤岩压裂液动滤失实验研究,提出了新的煤岩压裂液动滤失实验方法,得出了煤岩压裂液滤失的特征:煤岩压裂液滤失量偏大、滤失实验曲线没有明显的分段、初始滤失量有负值的情况。韩金轩等(2014)将裂缝的动态渗透率和煤储层裂缝-孔隙型双重介质的特性结合,建立了煤储层压裂液的滤失模型。

在压裂裂缝延展控制因素方面。朱宝存等(2009)对煤岩与顶底板岩石力学性质及对煤储层压裂的影响进行了研究。唐书恒等(2011)研究了地应力对煤层气井水力压裂裂缝发育的影响,并采用数值模拟方法,求解了不同地应力条件下井壁处及天然裂缝缝端的破裂压力,分析了地应力对水力压裂启裂压力、启裂位置的影响。刘会虎等(2013)探讨了影响煤层气井压裂效果的主要因素,提出了以保证煤层气井压裂效果为前提且兼顾煤层地应力分布的压裂工艺优化方案。何俊铧等(2014)就不同原生裂缝壁面特征对煤储层压裂造缝的影响进行了对比分析。范铁刚和张广清(2014)对注液速率及压裂液黏度对煤层水力裂缝形态的影响进行了研究,认为随着注液速率及压裂液黏度的增加,水力裂缝复杂程度降低,形成平直单裂缝。李树刚等(2015)就地应力差对煤层水力压裂的影响进行了研究,采用RFPA数值模拟软件对不同地应力差下破裂压力和裂缝延伸的变化规律进行了研究,得出地应力差大于4MPa时,最大地应力方向主导裂缝延伸方向;地应力差小于2MPa时,裂缝形态趋于复杂;地应力差越大,裂缝形态越单一,方向性越显著,主裂缝延伸范围越大。

1.2.2 岩石损伤与压裂裂缝扩展机制

连续介质损伤力学最初由Kachanov于1958年对蠕变断裂损伤提出,并引入了"连续度"和"有效应力"的概念。1969年Rabotnov进行了深入研究,引入"损伤因子"的概念,采用连续介质力学的唯象方法,研究了材料蠕变损伤过程。岩石是一种非均匀的各向异性材料,含有微裂缝,有时还有宏观的缺陷,如裂缝、孔穴,甚至节理等。岩石的破坏过程非常复杂,如果只是单纯用经典弹塑性力学或断裂力学的方法来描述,很难得到理想的结果。因此在水力压裂裂缝启裂和扩展研究中引入了损伤力学的方法,以便最终建立宏观、细观、微观多层次耦合的裂缝扩展理论。实验表明,对于没有宏观裂缝的岩石,在加载荷后就会有微裂缝的产生和发展,当岩体内的应力比较大时,微裂缝的发展方向有一定的规律性,直至连通和岩石突发破坏。对于有宏观裂缝的岩石,在加载荷后微裂缝网络从现存的宏观裂缝尖端处发生、扩展,并且这些裂缝是大区域地扩展的而不是沿一条轨道。随着载荷的增加,微裂缝网络增大,微裂缝的分叉也不断增加,直至突发破坏。所谓岩体的损伤,就是岩体的结构组织在外载或环境因素作用下将出现如微裂缝形成、扩展、空洞启裂等微细观不可逆变化,这些微细观变化将造成岩体宏观力学性质的劣化。因此,岩体的破坏一般是损伤累积过程,在物理上是微细观结构变化的累积过程,在力学上是宏观缺陷的产生与扩展的累积过程,这样就造成刚度、强度、韧度和稳定性降低。因此,损伤力学的研究对岩体压裂具有重要意义(谢和平,1988,1990;杨友卿,1998;李兆霞,2002)。

Dougill(1976)首先将损伤力学引入岩石材料中。Dragon(1979)利用断裂面概念对岩石的损伤进行了理论探讨。Krajcinovic(1989)运用热力学等理论对岩石类脆性材料的损伤本构方程进行了研究,构建了相应的模型和理论,并成为当前岩石力学领域中广泛关注的前沿课题之一。国内很多研究者对岩石损伤力学进行了研究,如谢和平和陈至达(1988)对岩石的连续损伤力学模型进行了探讨。董平川(1992)在拉波德诺夫所定义的损伤因子的基础上,引入了一个描述岩石内部缺陷繁衍的参变量——完整度,从理论上建立了理想脆性岩石的损伤因子与完整度之间的本构关系,导出了理想脆性岩石破碎后的块度分布函数。凌建明等(1995)对贯通裂隙岩体力学特性的损伤力学进行了分析。杨帆(1995)提出了分析和描述脆性材料各向异性损伤的宏观力学模型。李广平和陶振宇(1995)建立了拉伸荷载作用下岩石的二维、轴对称和三维细观损伤力学的有效场模型,分析了岩石中的裂纹扩展过程,求得了损伤柔度的表达式。杨友卿(1999)结合经典的莫尔准则,利用损伤力学理论分析了岩石强度随围压的变化,给出了三轴应力状态下岩石本构关系表达式。杨更社(2000)进行了岩石细观损伤力学特性及本构关系的CT识别研究,分别对岩石的初始细观损伤特性和细观损伤扩展力学特性进行即时CT识别,建立了单轴受力和三轴受力状态下的岩石细观损伤扩展本构关系。赵德安(2001)研究了节理型岩体损伤弹性的损伤力学算法,介绍了一种利用损伤力学方法,计算具有均匀分布的节理型裂缝块体的损伤弹性的方法。秦跃平(2001)对岩石损伤力学模型及其本构方程进行了探讨。秦跃平等(2003)研究了岩石全应力-应变曲线的特征、岩石在受载过程中同时引起弹性模量的降低和产生塑性应变的现象,提出了弹性模量、塑性应变与损伤成正比的基本假设和准静态损伤过程的概念,分析了损伤变量与损伤应变能释放率二者之间的依存关系,并定义了这两个概念,依据能量守恒定律,提出了岩石准静态损伤过程的数学模型,建立了无因次损伤演化和本构方程。

在岩石损失力学与水力压裂方面,姚飞(2004)以断裂力学和塑性力学理论为基础,对水力裂缝端部在延伸过程中的塑性区进行了分析,并据此对地层岩石中水力裂缝附近塑性区的范围进行了定量研究。刘建军等(2004)对水力压裂的连续损伤模型进行了初探,将 Gurson 损伤模型引入水力压裂分析中,建立水力压裂的损伤力学模型。胡宗军等(2006)用孔洞损伤的 Gurson 模型,建立糜棱岩原岩细观孔洞损伤体胞单元,提出糜棱岩成因的损伤力学观点,对一种具体原岩——花岗岩的细观孔洞损伤体胞单元作了有限元计算分析,并根据计算结果讨论了各种应力对糜棱化过程的影响。蒋宏伟等(2007)分析了损伤力学在粗面岩水力压裂裂缝延伸机理研究中的应用,在运用断裂力学分析裂纹的同时,介绍了裂缝的3种基本模式:①引入损伤力学对粗面岩的裂缝延伸机理进行了研究,并分析了井壁上的应力、应变和损伤场的分布;②结合辽河油田小龙湾地区现场情况,对相关的岩芯进行应力实验,得到了粗面岩的抗压强度、弹性模量、泊松比和抗拉强度等相关的岩石力学参数;③结合损伤力学,得到了粗面岩损伤的应力应变关系式和井壁上应力、应变及损伤场分布。艾池等(2008)研究了裂缝诱导损伤力学模型。将围岩区域分为破坏区、损伤区和弹性区,建立了基于损伤理论的人工裂缝诱导应力模型。唐立强等(2007)还对井壁稳定性的断裂损伤力学进行了分析。根据断裂力学和微观损伤力学原理,研究了脆性岩石中含微裂纹的扩展条件、扩展方向和变形机理,由井壁附近的应力状态和岩石破坏准则,建立了井壁坍塌和地层破坏的力学计算模型,并对井壁稳定性问题中的井壁坍塌和地层破坏进行了定量分析,确定了钻井液密度的范围。赵万春等(2009)通过基质孔隙和微裂缝体积变化,分别定义岩体损伤和裂缝演化的张量型损伤变量,建立水力压裂岩体损伤模型;然后,假设水力压裂过程中微裂缝动态演化满足 Logistic 分岔标准模型,建立基于损伤理论的微裂缝动态演化损伤模型,根据水力压裂能量守恒原理,确定岩体损伤演化过程体积应变和介质孔隙度、损伤变量的内在联系,建立水力压裂岩体基质孔隙和微裂缝渗透张量演化模型。

倪骁慧等(2009)进行了岩石破裂全程数字化细观损伤力学实验研究,基于扫描电镜(SEM)的岩石破裂全过程数字化细观损伤力学实验方案,实现了岩石破裂全过程的显微与宏观实时的数字化监测、控制、记录及分析的岩石力学实验。周家文等(2010)就研究脆性岩石单轴循环加卸载实验及断裂损伤力学特性,结合岩石内部微裂纹的细观力学分析,对脆性岩石单轴循环加卸载的应力-应变曲线特征、峰值强度及断裂损伤力学特性等进行了研究,给出一种根据应力-应变曲线计算损伤变量的方法。徐小丽等(2010)开展了温度作用下花岗岩断裂行为损伤力学分析,通过采用 MTS815 液压伺服实验系统及 PCI-2 声发射仪对高温后(常温-1200℃)花岗岩的力学特性与声发射特性进行研究,提出了机械损伤和热损伤的概念,建立了热力耦合损伤本构方程,分析了花岗岩热损伤开裂机理。王素玲等(2011)采用了损伤力学与断裂力学相结合的方法,描述了裂缝表面岩体的力学行为,建立了裂缝面上的损伤判据与损伤演化方程,根据岩石力学与渗流力学,采用有限元方法建立了低渗透储层岩体的流固-损伤耦合方程。王钰(2012)基于损伤理论对水力压裂人工裂缝应力场进行了研究。

1.2.3 水力压裂模型

水力压裂缝的几何形态和走向是影响压裂效果的主要参数,因此尽可能准确地描述水力压裂的裂缝几何形态对水力压裂设计有着重要的意义。由于实际地层和井眼条件的复杂性,要全面考虑所有的影响因素是十分困难的,而且在数值分析中也是不可能的。自20世纪50年代以来,人们对实际情况作了不同程度的简化,发展了各种模型来描述水力压裂的几何形态和延伸规律。到20世纪60年代和70年代中期,发展了各种二维模型(连志龙,2007)。

1. 压裂裂缝模型

一般二维模型都假设裂缝高度等于产层厚度,裂缝仅沿着缝长方向延伸。各种二维模型都假设在裂缝垂向没有液体流动,即流体仅有沿缝长方向的流动。

(1) KGD压裂裂缝模型。Khrlstianovieh和Zheltov于1955年首先提出了KGD模型(图1-4),该模型假设无限大各向同性均匀介质在垂直于XY的平面为平面应变变形,根据泵入压裂液的体积平衡条件来计算裂缝的长度$L(t)$。1969年Geertsma发展了这一模型,考虑了流体滤失的情况。1973年Daneshy将非牛顿流体的效应和支撑剂的输运算法加入该模型,后来就统称为KGD模型。

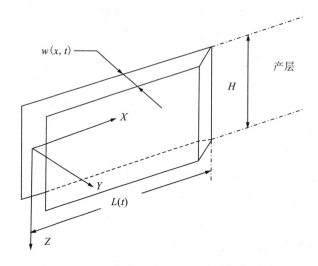

图1-4 KGD压裂裂缝模型(Khrlstianovieh和Zheltov,1955)

(2) PKN压裂裂缝模型。PKN模型也是一种非常著名的二维模型(图1-5),此模型亦是一种等高模型,由Perkins和Kern于1961年首次提出。他们假定裂缝被限制在给定的油层范围内,在与裂缝延伸方向正交的垂直平面上处于平面应变状态,因而每个垂直截面的变形与其他截面无关,裂缝成椭圆形扩展。1972年Nordgren发展了这一模型,考虑了流体的滤失。Carter(1957)首先考虑了滤失问题的处理,他的处理是基于这样的实验观察,即液体滤失主要是压裂液体与裂缝面接触的时间的函数,Carter的模型仅限于等高的裂缝,而且流体是准静态的。Geertsma(1962,1976)对上述两个模型作了对比,指出了KGD模型适用于长/高比小于1的模型,而PKN模型适用于长/高比大于1的模型。对于一组给定的条件,PKN模型预示着裂缝压力将按缝长的1/4次方比例增长,而KGD模型预示着裂缝压力将按缝长的1/2次方比例减少。这两种模型的正确性取决于对裂缝形状的假设以及对缝高的预测是否合理,如果裂缝的垂向止裂效果好,一般都能得到比较好的预测效果。

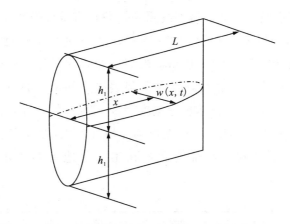

图 1-5 PKN 压裂裂缝模型(Perkins 和 Kern,1961)

(3)Penny 压裂裂缝模型。Advani 等(1987)对 Penny 压裂裂缝模型进行了研究,此后 Savitski 和 Detournay(2002)对非渗透岩层 Penny 型压裂裂缝延展特征进行了研究,结果表明控制 Penny 型压裂裂缝延展特征的为三维韧性参数,并利用渐进方程求取了裂缝尺寸(图 1-6)。Penny 型压裂裂缝的使用条件满足于均质性较好的储层,显然在非均质性极强的储层不适用,有必要提出基于该裂缝模型的优化形式。

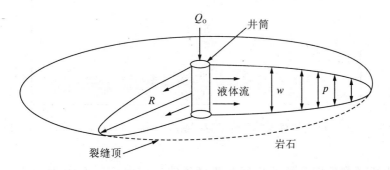

图 1-6 Penny 压裂裂缝模型(Savitski 和 Detournay,2002)

2. 压裂裂缝形态特征研究

王鸿勋和衣同春(1984)建立了水力压裂过程中两种液体情况下水平裂缝几何尺寸的数值计算方法,在此基础上可进行水平井压裂设计中工艺参数的优选。衣同春(1986)提出了利用幂律液体在压裂时求解水平裂缝几何尺寸的方法。乌效鸣和屠厚泽(1995)对煤层水力压裂典型裂缝形态分析与基本尺寸进行了研究,从断裂力学基本原理出发,分别推导在一定注入泵量和注入时间下,三种二维模型裂缝几何尺寸的基本计算公式,为水力压裂开采煤层气提供了重要的理论依据。吴晓东等(2006)进行了煤层气井复杂水力压裂裂缝模型研究,认为煤层水力压裂时常出现一些垂直裂缝与水平裂缝共存,或多条垂直(水平)裂缝存在的现象,形成所谓的"复杂裂缝系统"。当煤层垂直应力与水平应力相差较小时,煤层往往出现"T"字型或"工"字型裂缝系统。程远方等(2013)通过建立数学模型、控制流量、单因素分析等方法对煤层复杂缝中的"T"型缝进行了研究,进而得到煤层压裂"T"型缝延伸规律,对 PKN 模型和 Penny 模型组合提出了"T"型缝的简化模型。Diamond 和 Oyler(1987)通过矿井解剖对煤岩压裂裂缝空间形态特征进行了研究,经过观测,压裂裂缝形态为"T"型裂缝,充填裂缝宽度为 1~2cm,在垂向上裂缝内部支撑剂分布的密度相似,没有发生明显的沉降现象,支撑剂充填厚度大,在煤层与顶板界面间发育水平裂缝(图1-7)。该裂缝现象特征与我们在沁水盆地南部矿井解剖的结果是非常吻合的。

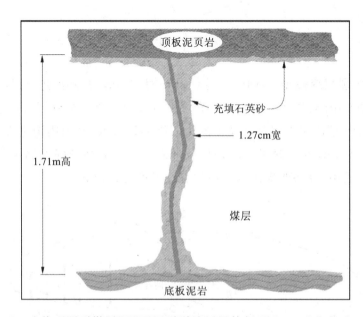

图1-7 矿井观测到煤层"T"型压裂裂缝延展特征(Diamond 和 Oyler,1987)

由于二维模型都假定裂缝的高度在裂缝延伸过程中保持不变,因而只有当上下隔层与产层的应力差较大,使裂缝仅在产层内延伸的情况下,二维才是有效的。本次研究未考虑穿入或穿过隔层的情况,因此没有涉及三维压裂模型。

各种模型在裂缝的几何形态分析中各有特色:一旦裂缝长度大于裂缝高度($H/L<1$),根据 PKN 模型计算出的井底压力和井底裂缝宽度与全三维模型有很好的一致性,尤其是两个模型计算出的井底有效弹性刚度(井底压力与裂缝宽度的比)几乎完全相同,但是其计算出的裂缝长度却远远大于三维模型的计算结果,而 KGD 模型计算出的弹性刚度与全三维模型结果相差甚远,但它所得的裂缝长度却与三维模型非常接近。现有各种模型都以准静态处理裂缝扩展过程,在裂缝张开和流体流动方程中都忽略了惯性项。地层被假设成无限大、均匀的、各向同性的线弹性体,利用岩石的应力强度因子建立裂缝延伸准则,缝内的流动以牛顿或幂律流体在平行平板间的层流方程来近似表示,通常认为滤失是一维的,且垂直于裂缝表面。大多数模型假设裂缝是平直的,延伸过程中不发

生方向的变化。综上所述,水力压裂数值模型是多门学科知识的汇集,它包括岩石力学、流体力学、渗流力学、弹塑性力学和断裂力学等力学内容,所涉及的算法有差分法、变分法、加权余量法、有限元法和边界元法等。目前求解水力压裂模型最有效的方法是有限元法。因而,水力压裂的研究需要多学科、多层次的大量投入,这是一项艰巨而受益显著的课题,对它的研究具有非常重要的意义。

1.2.4 水力压裂多裂缝研究

自20世纪80年代以来,国内外学者对多裂缝的产生机理和影响因素进行了广泛的研究。Overbuy等(1988)通过实例证实了多裂缝在水平井压裂过程中是存在的。Weijers等(2000)论述了对多裂缝诊断的直接技术,比如净压力分析与压力动态分析技术,压力动态分析反映多裂缝具有裂缝短、传导能力较单一裂缝低等特点。McDaniel等(2001)归纳了多裂缝的形态:①在近井筒区域存在多裂缝,到远井处连接;②多裂缝不连接,发育成远井多裂缝;③在理想的多裂缝问题中,采取措施后,近井筒区域裂缝条数减少,到较远处连接成一条裂缝。李文魁(2000)介绍了多裂缝压裂改造技术在煤层气井压裂中的应用。杨丽娜和陈勉(2003)对水力压裂中多裂缝间相互干扰力学进行了分析,将复变函数理论与位错理论相结合,在考虑了裂缝表面有流体压力作用且裂缝间存在相互干扰的情况下,建立了无限大介质中裂尖应力强度因子的数学模型,利用该模型可对水力压裂中多裂缝间的相互干扰进行力学分析。罗天雨(2006)以微环面及憋压理论为基础,讨论了水力压裂同层压裂两条裂缝在近井筒区域发育和不同层多条裂缝的发育特征,分析了产生多裂缝的原因与预防方法。杜成良等(2006)对水力压裂多裂缝产生机理及影响因素进行了研究,认为多裂缝的格局取决于小裂缝能否顺利连接,地应力状况对裂缝的连接与启裂方位有重大影响;天然裂缝的发育程度是决定多裂缝启裂的重要因素;地层的倾斜与井眼斜度、启裂方位、射孔等对裂缝的连接起支配作用。罗天雨等(2008)提出了水力压裂横向多裂缝延伸模型,认为水力压裂多裂缝现象与早期砂堵、施工压力升高等现象密切相关,通过建立计算裂缝端部应力强度因子的不连续位移法,来考虑裂缝轨迹的变化、多条转向裂缝之间闭合应力的相互影响程度;同时结合物质平衡原理与压力平衡原理来描述多裂缝之间的流量动态分流;最后结合裂缝壁面滤失规律的变化、三维裂缝的延伸规律,模拟不同方位处或同方位处启裂的多条裂缝同时延伸时,流动压力的变化。

陈勉等(2008)以高温处理后的水泥试样模拟地层,通过压裂实验得出在随机裂隙的影响下,水力裂缝并不是传统的两翼单一裂缝,而是沿着天然裂缝随机扩展的多分支裂缝的不规则形态。雷群等(2009)对提高低—特低渗透性油气藏压裂改造,提出了分叉缝和缝网的概念与作用机理。魏宏超(2011)以煤岩的物理力学性质和多裂隙的结构特征为切入点,将煤岩物理力学性质与裂隙结构特征结合起来,提出在煤层气垂直井中水力压裂时,由于天然裂隙的影响产生多条水力裂缝;根据天然裂缝启裂压力与地应力的关系,分析水力裂缝在近井筒区域沿不同方向天然裂隙破裂及在延伸过程中与天然裂缝相遇后的发展趋势；以 PKN 模型为基础，通过对计算方法的改进，根据单条水力裂缝延伸转向模型，以压力协同理论为基础，研究多裂缝同时延伸、转向时，裂缝分布的宽度范围和裂缝在近井筒区域汇合连接的可能性。在考虑压力动态变化与裂缝参数变化的基础上，建立了在煤层气垂直井中多裂缝同时延伸、转向与汇合连接的近井筒优势观点模型。

1.3 研究方法和内容

原有压裂裂缝模型与裂缝实际发育特征存在较大差异，导致存在这一问题的原因是前期构建的物理模型与裂缝实际特征严重不符，且对煤储层压裂裂缝延展力学机制研究不够深入。本书基于矿井解剖识别压裂裂缝发育形态特征、尺寸参数及颗粒分布特征，构建了典型沁水盆地南部煤储层压裂裂缝延展缝模式，结合考虑压裂液滤失特征及煤岩损伤力学理论，提出煤储层压裂裂缝延展机制及裂缝充填模式。

1.3.1 研究方法

在对国内外研究现状分析及沁水盆地典型煤层气井压裂施工参数及产能特征分析的基础上，形成了本书的主要研究思路（图1-8）。首先选择沁水盆地南部潘庄、成庄、郑庄作为煤层气压裂井观测解剖的研究区，采用矿井回采开挖解剖方式，揭露地面煤层气井煤储层段全貌，结合煤层气井压裂液、压裂砂、充填滤饼取样测试分析手段，对煤储层内部压裂裂缝宏观延展特征、压裂液流动范围及支撑剂分布特征进行系统、详尽的观测研究。通过对区内15口煤层气井进行开挖解剖研究发现，15口煤层气井压裂目的煤层煤体结构各异，煤体结构由原生结构煤向碎裂煤甚至碎粒煤、糜棱煤过渡。研究中获取了煤岩压裂裂缝宏观延展特征，查明了压裂裂缝三维几何尺寸（裂缝长度、宽度、高度），尤其是对制约煤层气井井位部署以及后续生产有效期的压裂裂缝主干长度、裂缝宽度及内部充填特征、压裂裂缝高度及穿层性等关键问题进行了客观分析和现场测试，测试的结果用于改进煤层气井压裂裂缝特征模型与煤层气井井网优化部署。

基于煤岩断裂及损伤力学的基本理论，结合材料力学，按照上述压裂煤储层材料力学特征，著者将原生结构煤简化为基本不含缺陷的均匀连续介质，碎裂煤简化为包含有限裂纹的连续性介质，构造煤体视为包含大量损伤的非均匀介质。通过定义特定损伤变量，建立损伤演化方程，对压裂液滤失特征进行室内实验分析。

结合前人研究成果，对煤岩受压条件下裂缝细观延展特征及其机制进行研究，分析煤储层次级裂缝在水力压裂过程中受压延展的特征及其对主干压裂裂缝扩展的影响，利用自主研制的煤岩压裂液滤失特征测试仪，对研究区不同煤体结构煤样在压裂过程中压裂液的滤失特征进行模拟实验，对比测试不同硬度、不同裂缝发育密度的煤岩样品压裂液滤失的速度、在压裂裂缝壁两侧滤液侵入的深度、在退压过程中滤液的返排程度等，该实验

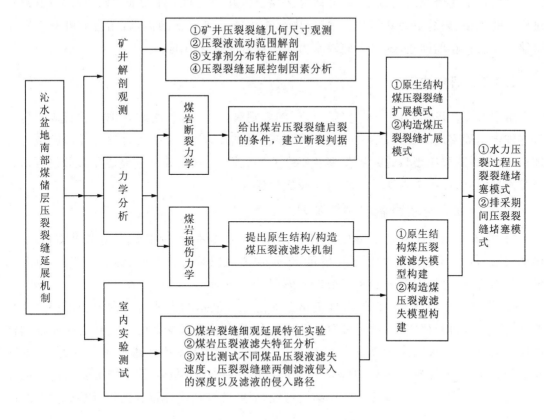

图 1-8 主要研究思路框架图

可以用于压裂液滤失程度的客观评价、压裂液滤失伤害分析及压裂液滤失系数的计算等方面，同时也可为现场降滤失措施的改进提供依据。

依据上述实验测试，构建压裂液滤失的数学模型，按照煤样机械力学性质的不同，分别对原生结构煤、构造煤构建压裂液滤失模型。基于此，分析压裂裂缝延展与压裂液滤失的关系，综合滤失优化压裂裂缝尺寸计算模型，提出降滤失的建议。

首先研究了压裂液滤液闭锁对气藏流体产出的伤害机制，提出了储层滤液伤害的防治工艺措施。基于矿井解剖，分析了煤储层压裂裂缝发展的四个过程，显示了滤饼的重要性。借鉴材料力学理论，对裂缝启裂机制进行分析，结合界面断裂力学提出了研究区煤储层压裂裂缝启裂机制模式，给出了裂纹扩展的临界条件，建立了断裂判据。借鉴损伤力学理论构建构造煤径向压裂裂缝启裂模式，应用力链理论对饱和充填的煤储层压裂裂缝扩张机制进行了研究分析，并就煤储层充填压裂裂缝横向扩张对两侧煤体孔渗性影响的损伤力学方程进行了探讨。

然后研究了煤储层压裂裂缝充填物来源、分类及压裂过程堵塞的机制，建立了煤储层压裂裂缝堵塞特征对煤层气井压裂效果的地质控制模式，提出了煤层气井排采期间近井部位压裂裂缝发生堵塞的内在机制，为煤层气井井网优化部署、气井解堵提供了理论依据。

最后在上述研究的基础上,结合研究区煤层气井产能的总体特征,分析煤层气井高产对压裂的规模、裂缝空间几何特征、裂缝内部充填特征等要素的需求,结合矿井解剖总结煤储层压裂存在的问题,提出煤储层水力压裂技术的优化方向。

1.3.2 研究内容

本书首先从煤储层压裂裂缝延展特征的宏观解剖入手,利用矿井采样进行煤岩压裂裂缝细观延展室内实验及压裂液滤失特征实验测试,结合煤岩损伤力学与界面断裂力学理论,构建煤储层压裂裂缝延展模型及压裂液滤失模型,最后建立煤储层压裂裂缝延展机制及充填模式,并提出煤层气井水力压裂优化建议。

1. 煤储层水力压裂特征矿井解剖

(1)煤储层压裂裂缝延展特征解剖。选取沁水盆地南部寺河、成庄等矿井对区内 $3^\#$ 煤储层水力压裂裂缝延展特征进行解剖,通过观测压裂裂缝的类型、延展方位、三维几何尺寸等内容,建立压裂裂缝延展三维地质模型。

(2)煤储层压裂液流动范围取样测试。通过压裂液示踪方法对区内典型煤层气井压裂液流动范围进行研究,通过对煤层气井周围的煤储层内部及煤层顶板砂岩含水层内液体样品离子含量(K^+、Na^+、Mg^{2+}、Ca^{2+}、Cl^-、SO_4^{2-}、HCO_3^-)及液体中矿化度、游离 CO_2 参数的对比,研究煤储层压裂裂缝延展方位及尺寸特征,分析煤层气井压裂液流动的路径;综合煤储层原生裂缝系统及煤体结构特征,研究压裂液流体流动与煤储层原生裂缝间的关系。

(3)煤储层压裂裂缝内部充填特征解剖。在矿井巷道内解剖煤储层压裂裂缝内部支撑剂分布的特征,观测取样分析压裂支撑剂破碎程度,支撑剂表面污染程度,研究石英砂亲水性对裂缝内部流体流动的影响。

2. 煤岩室内压裂液滤失特征实验研究

(1)对比观测原生结构煤、碎裂煤、碎粒煤与糜棱煤样品的压裂裂缝细观延展特征,分析压裂裂缝形态、裂缝尺寸等参数,为后续原生结构煤、构造煤压裂裂缝损伤模型的构建和压裂液滤失计算公式的建立提供依据。

(2)设计了一套用于测试煤岩压裂液滤失路径及滤失量的实验系统,获取了碎裂煤、构造煤煤岩样品压裂液滤失特征参数(滤失量、滤失路径),结合实验现象分析了压裂液滤失特征路径及空间特征,为压裂液滤失动力学机制及滤失模型构建提供了实验基础。

(3)应用渗流力学模型,研究了原生结构煤、构造煤煤体压裂液滤失动力学机制,提出了构造煤压裂液滤失损伤渗流模式,构建了碎裂煤、构造煤煤体压裂液滤失体积计算数学模型,研究了压裂液滤液闭锁对气藏流体产出的伤害机制,并提出了储层滤液伤害的防治工艺措施。

3. 煤储层压裂裂缝延展力学机制研究

(1)煤岩压裂裂缝启裂机制研究。基于解剖现象,分析了煤储层压裂裂缝发展的过程,显示了滤饼的重要性,建立了原生结构煤、构造煤煤体压裂裂缝启裂的模式。

(2)煤岩压裂裂缝扩展机制研究。借鉴材料力学理论,对煤储层压裂裂缝启裂机制进行分析,并结合颗粒力链理论对饱和充填的煤储层压裂裂缝扩张机制进行了研究分析。

(3)压裂裂缝延展对煤体孔渗性影响。构建了碎裂煤、构造煤煤储层压裂裂缝延展对煤体孔渗性影响的损伤力学方程。

4. 煤储层压裂裂缝充填模式研究

研究了煤储层压裂裂缝充填物来源、分类及压裂过程堵塞的机制,建立了煤储层压裂裂缝堵塞特征对煤层气井压裂效果的地质控制模式,提出了煤层气井排采期间近井部位压裂裂缝发生堵塞的内在机制,为煤层气井井网优化部署、气井解堵提供了理论依据。

第二章 煤储层水力压裂裂缝延展与内部充填特征

煤储层压裂裂缝延展模式的构建依赖于压裂裂缝类型、几何尺寸及压裂流体分布范围、裂缝内充填特征的现场观测研究。国外学者在压裂裂缝延展及压裂流体分布特征观测方面进行过一定的研究。著者2003—2016年在沁水盆地南部寺河矿、成庄矿等地对煤储层压裂裂缝延展及压裂流体分布特征进行了详尽的观测,初步查明了煤储层压裂裂缝延展的空间几何尺寸,追踪了压裂液流动的范围,分析了支撑剂在压裂裂缝内的分布特征及实际支撑效果,为深入开展煤储层压裂裂缝延展机制及压裂裂缝延展模型的构建等研究奠定了基础。

本章在以往矿井解剖观测的基础上,对沁水盆地南部潘庄区块、成庄区块3#煤储层压裂裂缝延展特征进行对比研究,阐明了煤储层压裂裂缝延展几何尺寸及延展方位等关键参数,并对三种压裂裂缝系统成因及受控因素进行分析,同时对研究区内煤储层压裂液流动特征、范围和受控因素进行研究,最后分析煤储层内支撑剂等颗粒物的分布特征。

2.1 煤储层压裂裂缝延展空间几何特征解剖

2.1.1 煤储层压裂裂缝特征解剖观测

由于岩石材料机械力学性质及压裂施工规模的差异,相对于多数弹塑性储集层,煤储层压裂裂缝空间几何尺寸相对较小,且裂缝形态更复杂,体现在裂缝条数多、裂缝延展方向上较曲折、裂缝缝壁不光滑、裂缝对称性不明显等一系列特征。煤储层压裂裂缝类型以"T"型复合裂缝、单一垂直裂缝和多裂缝三种裂缝类型为主(王生维等,2012;何俊铧等,2014)。由于三种类型的裂缝尺寸及形态特征差异较大,因此查明不同压裂裂缝系统的延展特征及其成因机制,是解决区内地面煤层气井优化部署,防治煤层气井排采中的层间水窜,以及煤层气井泄流面积、气井有效排采期估算等一系列关键问题的基础。

为客观查明上述三种压裂裂缝延展特征,尤其是扩展尺寸和裂缝形态方面的特征,著者选取沁水盆地南部寺河、成庄两个矿观测,进行煤储层压裂裂缝延展特征对比现场解剖。解剖区地面部署有大量煤层气井,因此将煤层气井压裂施工作为实验条件,在矿井回采工作面和掘进工作面空间观测煤储层内部压裂裂缝延展特征及压裂裂缝内部压裂液、支撑剂分布特征和范围(图 2-1)。

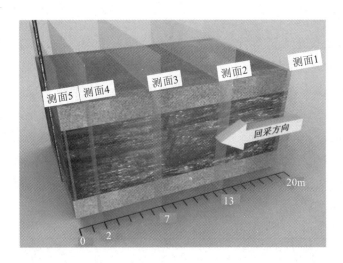

图 2-1 煤储层压裂裂缝矿井解剖观测原理(何俊铧等,2014)

由于本区地面煤层气井通常部署在回采工作面中央或掘进工作面附近,因此煤矿工作面回采、巷道掘进过程中能够将煤层气井附近压裂裂缝及压裂流体充分揭露,为准确观测煤储层压裂裂缝类型、扩展尺寸以及压裂流体特征提供了难得的条件,而且随着工作面回采的不断推进,可以实现对压裂裂缝及流体的连续追踪观测、取样,能够通过"CT"切片式的方法立体地研究煤层气井周围煤体内的压裂特征,利用该方法能够准确查明煤储层压裂裂缝形态及几何尺寸,同时能够对地面煤层气井近井筒部位的固井及射孔效果等进行分析。

为了综合对比煤储层压裂裂缝延展及流体分布的特征,查明控制水力压裂效果的地质因素,著者选取了沁水盆地南部潘庄区块蓝焰煤层气公司布署的几口煤层气井(SH-125、SH-126、SHx-168)作为实例进行重点研究。3 口煤层气井完井层位均为山西组 3# 煤储层,煤储层埋藏深度 350m 左右。且压裂施工煤层段水平主应力相对垂直应力较大,但 3 口煤层气井完井位置的煤储层原生裂缝系统均为欠发育型;完井部位煤储层的煤体结构性质差异较大,在远离小微构造方向上,煤体结构由原生结构煤层向碎裂煤甚至碎粒煤和糜棱煤过渡,而其他地质条件类似。在成庄区块著者选择了蓝焰煤层气公司开发的 1 口煤层气井(CZ-24)作为重点解剖,该井完井层位同样为山西组 3# 煤储层,完井煤层埋藏深度 497.28~504.68m,较潘庄区块深 150m,因此 3# 煤储层部位的地应力状态不同,由于构造应力场导致的煤储层大裂隙系统发育特征也与潘庄区块存在明显的差异。

2.1.2 区域地质及原生裂缝发育特征

1. 区域地质概况

寺河、成庄区块位于太行复背斜西翼,沁水盆地东南端(图2-2)。成庄区块内主要为一走向北北东(北部)逐渐转折为北东向(南部)、倾向北西的单斜构造。区块内地层平缓,倾角一般在10°以内。在此单斜基础上发育着幅度不大两翼平缓、开阔的背向斜褶皱构造,使区块内地层呈波状起伏。伴有少数落差较小、延伸长度较短的高角度正断层,所有断层落差均未超过20m,延伸长度多在300m以内。成庄矿区域地层自下而上依次为:上元古界震旦系,古生界寒武系、奥陶系(马家沟组、峰峰组)、石炭系(本溪组、太原组)、二叠系(山西组、下石盒子组、上石盒子组、石千峰组-孙家沟组),中生界三叠系及新生界古近系、新近系、第四系。

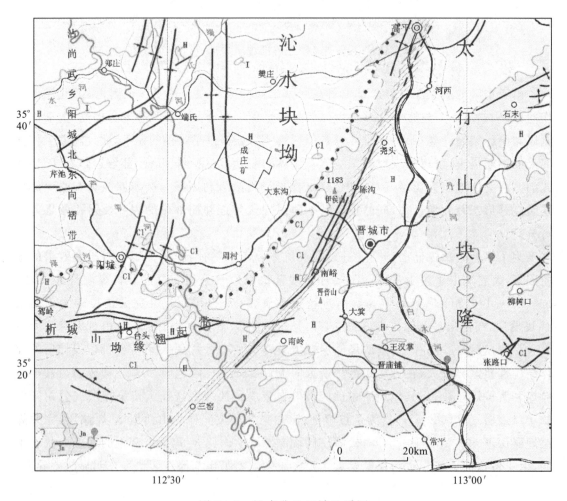

图2-2 沁水盆地区域地质图

2. 煤储层大裂隙系统发育特征

成庄区块3#煤储层中的外生节理发育(图2-3)。表现在外生节理线密度一般为0.5～1条/m,外生节理在煤储层垂向上大部分发育,特别是煤储层的中上部更发育,其中98%以上的外生节理都发育在煤层内部,仅有极少数外生节理延伸接近或者到达了煤层顶板,但是几乎没有外生节理穿透顶底板围岩。外生节理在几乎不破坏煤层气藏保存条件的同时,有效地将煤储层内部的气胀节理与内生裂隙连通,提高了煤层气藏的成熟度。发育适中的煤储层大裂隙系统在提高煤储层渗透率的同时,基本没有破坏煤层气藏的保存条件。发育该类大裂隙系统的煤储层具有中高渗透率、较高饱和度煤层气藏的典型特征,典型区块是成庄区块大部分地段。

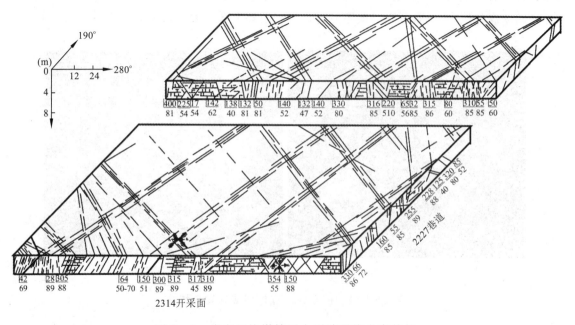

图2-3 成庄区块煤储层大裂隙系统发育特征

相比于成庄区块,寺河区块3#煤储层大裂隙系统发育最主要的差别在于后者的煤储层大裂隙系统发育,主要表现在裂隙系统分布比较广泛,裂隙带宽,裂隙带内部裂隙之间的相互连通性好。寺河矿与成庄矿3#煤储层层内非均匀性特征最主要的差别在于前者的层内非均匀性特别强,主要表现在不同分层内部大裂隙系统发育的差异性与分割性方面。而成庄矿3#煤储层层内非均匀性相对较弱的最主要原因是外生节理的广泛发育,它不仅大大弱化了成庄矿3#煤储层内部分层之间的裂隙非均匀性,在平面上也大大改善了成庄矿3#煤储层裂隙带的非均匀性。

潘庄区块3#煤储层中的外生节理可分为两类:一类是切穿煤层进入煤层顶底板的外生节理;另一类是切穿整个或大部分煤层但不切穿煤层顶底板的外生节理,其中后者占90%以上。在3#煤储层中外生节理密集带具有近乎等间距发育的特点,在5～10m的外生节理密集带内,通常发育1~3条切穿整个煤层的节理。个别外生节理密集带内偶有1条切穿煤层进入顶底板的节理发育,这些切穿煤层进入顶底板的外生节理具有多期次活动的特点,节理缝内有厚度不等的构造煤,裂隙缝内有多期次方解石脉充填物,说明这些节理缝是内外流体交换的主要通道。外生节理的主要走向为北东向和北西向两组,在两组节理交会处煤层破碎。

潘庄区块3#煤储层中的气胀节理发育良好。气胀节理的产状与内生裂隙的产状一致,气胀节理缝具有近乎等间距的特征,气胀节理缝的宽度通常是内生裂隙缝的2倍左右,而高度通常是内生裂隙缝的3~10倍。气胀节理面光滑平直,具有纯张节理的特征。气胀节理缝的上下界线虽不如内生裂隙缝规则和整齐,但气胀节理缝在不同煤岩分层中的发育程度有明显的差异。通常在光亮煤中最为发育,其次是半亮煤及其过渡类型。在半暗煤和暗淡煤分层中,气胀节理一般不发育。气胀节理大多数被片状方解石充填(图2-4)。

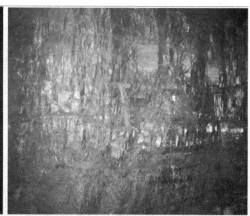

(a)构造节理　　　　　　　　　　(b)气胀节理

图2-4　潘庄区块3#煤储层节理发育特征

潘庄区块3#煤储层中的内生裂隙系统发育主要受煤岩成分的制约,一般在镜煤和亮煤中发育,具有明显的等间距或近乎等间距的特性。其中镜煤中内生裂隙在不同岩石分层界线表现最为明显;而亮煤中内生裂隙在不同岩石分层界线表现也比较明显。内生裂隙线密度达到11~16条/5cm。

3#煤储层中的显微裂隙比较发育,有利于沟通煤层气存储空间,起到连接存储空间与运移通道的连通作用。潘庄区块与赵庄区块3#煤储层的显微裂隙相比,赵庄区块的显微裂隙具有明显的阶梯状特征,也反映出赵庄区块受到的构造作用影响较大,煤体比较破碎。潘庄区块寺河矿3#煤储层的显微裂隙发育简单,近似一条直线,表明潘庄区块煤储层受到的构造影响比较小,煤体结构比较完整。

煤储层大裂隙系统发育最显著的特征是,外生节理几乎不发育,表现在外生节理仅发育在3#煤储层的中上部,节理的线密度低,一般为1条/2m或者更稀疏。外生节理与气胀节理和内生裂隙之间缺少有效的连通。外生节理几乎没有提高煤储层的渗透率，对煤层气藏的保存没有任何破坏。发育该类大裂隙系统的煤储层具有低渗透率、高饱和度煤层气藏的典型特征，整体属于煤储层大裂隙系统欠发育型。

潘庄区块寺河矿区地应力测试结果表明，寺河矿区垂直地应力随埋深增加而不断增大（图2-5），寺河矿西轨大巷439m处垂直应力为10.99MPa，最大水平应力为13.00MPa，最小水平应力为6.74MPa，最大水平应力方向为N17.4°W。在寺河矿区

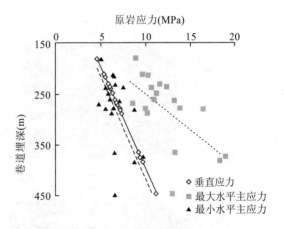

图 2-5 潘庄区块3#煤储层地应力随深度变化特征图

煤岩及顶板岩石物理参数上，寺河矿区煤岩杨氏模量平均为5.63GPa，剪切模量为2.12GPa，泊松比为0.33；煤岩顶板杨氏模量平均为44.67GPa，剪切模量为18.5GPa，泊松比为0.2。

2.1.3 沁水盆地3#煤储层压裂裂缝延展特征

1. 潘庄区块3#煤储层压裂裂缝延展特征

(1)SHx-168井附近煤储层压裂裂缝延展特征。SHx-168位于寺河矿东三盘区，埋藏深度340.77m，构造较简单，裂缝相对不发育，不在主要裂缝带上。本次观测点位于掘进巷道，发现一条近垂直的裂缝，未挖出井筒。裂缝产状为SW265°∠65°，平均宽度为1.5cm，最宽处2cm，最窄处1cm。图2-6(a)中夹矸厚度为8cm，裂缝高度为2.1m。近井部位煤体较破碎，近井煤体裂缝间隙充填有泥浆后期形成的泥饼，向外逐渐被压裂砂充填。压裂裂缝周围煤体较破碎，依据现场观测计算，观测点距井筒为4~5m。

(2)SH-125井附近煤储层压裂裂缝延展特征。SH-125位于寺河煤矿东区1307工作面，深度为426.55m，厚度为6.65m，观测点煤层临近大断层F_{15}。本次观测压裂裂缝以煤层中上部分垂直裂缝为主，裂缝产状为NW280°∠80°，并在顶部观测到有水平裂缝分布，属于"T"型复合裂缝模式[图2-6(b)]。按照井下采煤对井筒外部压裂裂缝的揭露，先后完成三次观测。观测面一：仅在煤层顶部发现有明显的水平裂缝，并且被压裂砂充填，水平裂缝宽约14cm，压裂砂厚度18cm，观测点距井筒距离约4m。观测面二：在煤层顶部和中部发现压裂裂缝及压裂砂的分布，其中顶部为水平裂缝，并被压裂砂充填，裂缝宽度约10cm，压裂砂厚度约10cm；中部为垂直裂缝，宽度约10cm，压裂砂的厚度10cm，观测点距离井筒长度约2m。观测面三：观察到井筒周围裂缝较发育，未见到压裂用石英砂；煤层中部压裂形成裂缝带，宽度约80cm，煤块裂隙间被白色泥浆充填；裂缝带内裂缝宽度较小，约0.2cm，连通性较好，为近井筒的主导流通道；煤层顶部也发现被白色泥浆充

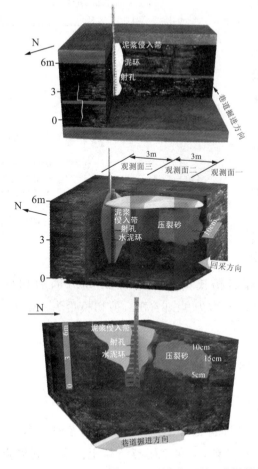

图 2-6　潘庄区块 3# 煤储层压裂裂缝延展特征

填的导流裂隙带,宽度约 50cm。

(3)SH-126 井附近煤储层压裂裂缝延展特征。SH-126 位于寺河煤矿东区 1308 工作面皮带巷道,深度为 338.40m,厚度为 6.65m,煤层构造临近大断层 F_{15}。本次观测点位于两条掘进面中心位置,与掘进面的距离为 3m。观测发现一条主压裂裂缝,形态为近垂直裂缝,产状为 SE125°∠80°。由于煤储层中发育有大裂隙系统,因此煤储层中压裂裂缝在延展上呈曲折形态的特征。可观察到裂缝长度延伸为 6m,实际长度应远大于 9m(加上井筒距掘进面上的 3m)。通过观察煤体结构、裂缝规模可以发现,压裂裂缝靠近井筒处开口较大,近井筒的巷道壁的裂缝宽度达到 15cm,在裂缝的延伸方向上,其张开度逐渐变小,延伸 6m 后裂缝宽度变为 5cm 左右[图 2-6(c)]。本观测点裂缝高度大,下部延伸到煤层中部,上部穿过顶板。在裂缝周缘未发现分支水力裂缝形成。由于压裂穿透顶板,可能造成压裂液部分损失。观测点处煤储层中的压裂砂基本充填于主干压裂裂缝的上部,裂缝底部无压裂砂,其他缝隙中也未发现压裂砂。压裂砂多数以黏结的形式悬挂在裂缝缝面上,掘进后大量压裂砂从顶板压裂裂缝中掉落。压裂砂在裂缝走向上延伸长度大于

6m，在压裂裂缝靠近井筒的位置压裂砂一般较粗，而远离井筒压裂砂的粒度变细。

从寺河矿SHx-168井、SH-125井、SH-126井解剖结果可以看出，煤储层压裂裂缝延展特征具有以下规律：①煤体结构对煤储层压裂裂缝延展的严重制约。3#煤储层的煤体结构由原生结构煤向碎裂煤甚至碎粒煤和糜棱煤过渡，而其他地质条件类似，气井压裂施工条件也相似，随着煤体结构越破碎，煤储层压裂裂缝延展效果越差，压裂裂缝长度大为减小。②煤储层原生裂缝对压裂裂缝延展的影响。3#煤储层原生裂缝系统发育为适中型，部分采区甚至为欠发育型，煤储层原始渗透性较差，从本次压裂解剖来看，煤储层压裂裂缝延展基本沿着原生裂缝发育位置，仅对原有裂缝进行扩大，而不产生新的岩石破裂等现象。③"T"型复合裂缝产生在煤体结构相对完整的部位，推测与压裂液滤失程度小、压裂能量高憋压有关；而煤体结构破碎地段很难产生"T"型复合裂缝，仅表现为规模很小的单一裂缝，且裂缝发育较为曲折。同时煤体结构破碎部位的煤层顶部水力裂缝的启裂与煤层埋深之间相关性不明显。

2. 成庄区块3#煤储层压裂裂缝延展特征

成庄区块3#无烟煤储层中的裂缝，特别是大节理系统的节理缝具有延伸长、裂缝面光滑平直、方向性强和尖灭侧现排列等特征。此种裂缝遇到高压液体注入后，将呈现不同程度的张开。依据成庄矿CZ-24井充填支撑剂的裂隙特征的观测结果，裂缝最初张开的宽度为充填支撑剂宽度的1.5~2.0倍，而近井筒煤层中充填支撑剂的裂隙宽度为0.5~1cm，距离井筒40m处煤层中冲填支撑剂的裂隙宽度为0.3~0.5cm。成庄区块压裂裂缝的典型特征为：煤储层构造节理较发育，煤储层压裂裂缝沿原有裂缝扩展，相对于寺河矿解剖结果，本区压裂裂缝趋于表现为多裂缝的形态特征（图2-7），内部充填有支撑剂的裂缝条数多，裂缝形态非常复杂。

压裂裂缝几乎全部沿着原有裂缝进行扩展，裂缝长度为几米—十几米，有效支撑裂缝长度在10m以内，由于压裂井附近煤储层深度为504.68m，因此垂直应力高，未见煤岩顶板产生水平压裂裂缝。更重要的是，压裂液体使成庄区块无烟煤裂缝张开以后的再闭合对煤储层裂缝系统起到了良好的连通作用，尤其是主干裂缝的连通作用比较显著，且对煤层整体上有明显的松动效应，特别是在近井筒20m的范围内更加明显。

当压裂流体压力降低，无烟煤裂缝将发生一定程度的闭合，但是这种闭合不可能是全部闭合。由于成庄区块3#煤储层中的节理裂缝比较长，裂缝中除压入的支撑剂之外，还产生比较多的次生支撑物，如方解石和泥岩破碎后的碎屑，加上裂缝不能够完整地原样闭合等因素，因此造成裂缝闭合程度低。换句话说，即使裂缝张开的压裂液体中没有支撑剂和次生支撑物，其裂缝也不可能完全闭合。因此，压裂液体及支撑物对煤储层中流体渗流能力增加十分明显，特别是在近井筒附近。

人工压裂裂缝的实际长度、形态及规模与不少煤层气工程专家早期的预期相差甚远。对于类似成庄矿CZ-24井3#煤储层和晋试1-1井3#煤储层的压裂裂缝方位及长度采用地面电位和试井进行检测。地面电位检测的基本原理是压裂前后由于压入流体的作用

(a) CZ-24井套管以及煤层裂缝内充填支撑剂

(b) CZ-24井煤层中北东向平行裂缝内被砂充填

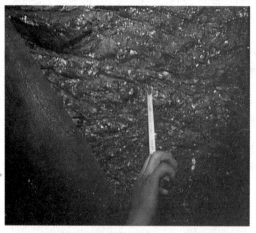
(c) CZ-24井煤层中充砂裂缝呈北东向定向延伸

(d) 固井水泥外侧与化学泥浆环之间被砂充填

(e) 压裂后套管附近煤层的裂缝系统几乎与原煤层的裂缝系统相似,并未见到明显的破坏

(f) CZ-24井软煤分层内部的砂集中堆积

图 2-7　成庄区块 CZ-24 井煤储层压裂裂缝延展及充填特征

导致电信号的差异,找出在井筒周围的分布差异,就可以推算出压裂裂缝的方位及长度。依据王杏尊等(2001)检测研究结果(表2-1),晋试1-1井3#煤储层的压裂裂缝半长为54m和73m,方位是北东80°对称。晋试1-5井3#煤储层的压裂裂缝半长为51m和60m,方位仍然是北东80°对称。

表2-1　地面电位测试结果(王杏尊,2001)

井号	煤层	井深(m)	厚度(m)	裂缝方向	裂缝长度预测
晋试1-1	3#	525.6～532.0	6.4	北东80°对称	北东73m,南西54 m
	15#	652.8～656.0	3.2	北东80°对称	北东62m,南西57 m
晋试1-5	3#	539.0～544.4	5.4	北东80°对称	北东51m,南西60 m
	15#	626.4～629.4	3.0	北东65°对称	北东53m,南西65 m

就主要压裂裂缝方向而言,前人的研究结果与本区的实际观测结果相近,但是前人的预测裂缝长度与本次观测存在明显的偏差。之所以造成压裂裂缝比较短的主要原因如下:①在入井原始能量中,由于通道瓶颈效应所消耗的能量比例较大,所以有效能量比例大幅度降低。②原始裂缝形态与应力状态所决定的压裂液体具有比较复杂的流动轨迹。③预测裂缝依据的是电位信号,该信号可以粗略判定压裂液体波及的区域,但是它并不能准确断定支撑剂充填的确切位置。值得指出的是,晋试1-1井、晋试1-5井和CZ-24井的压裂设计与施工工艺几乎完全一样。对于压裂裂缝,尤其是有效支撑裂缝的几何尺寸方面,通过矿井解剖发现的结果与前人计算的结果具有较大的误差,因此基于矿井解剖观测等手段提出煤储层压裂裂缝延展的机制无疑具有重要的价值。

2.2　煤储层内压裂液流动范围特征解剖

2.2.1　煤储层内压裂液流动范围的研究原理及取样方法

与常规砂岩储层不同,煤储层的抗压强度低,易破碎变形,水力压裂时形成的水力裂缝系统也相对复杂。煤储层水力压裂时常出现一些垂直裂缝与水平裂缝共存,或多条垂直(水平)裂缝存在的现象,前面通过矿井解剖确定了煤储层压裂裂缝类型以"T"型复合裂缝、单一垂直裂缝和多裂缝三种裂缝类型为主。本书所涉及的主要为垂直裂缝在水平方向上的延展情况,即主要分析垂直裂缝在平面上的展布规律性,确定煤层气井压裂液造缝的方式和流动选择的路径,从而为压裂裂缝启裂和延展机制研究奠定基础。

如果把压裂液体看作一个相对独立的部分,把天然含煤岩系中砂岩与煤层水看作另一个相对独立的部分,人工实施压裂是将前者不断从井筒注入,与后者不断混合的过程。

本研究的混合液体分布的一般假设是靠近井筒部位,压裂液体在混合液体中的比例最高,随着距离的加大,压裂液体在混合液体中的比例逐渐降低。正是基于这一前提,在巷道掘进过程中,远离压裂井处可以获取到含煤岩系中煤层水样。本研究首先获取到标准液,本次标准液采用的是河流的天然水;然后矿井下采取加砂以后压裂液体的样品、原生含煤岩系中煤层水,以及从井筒附近一直向外不同距离的各种混合水样(图2-8)。

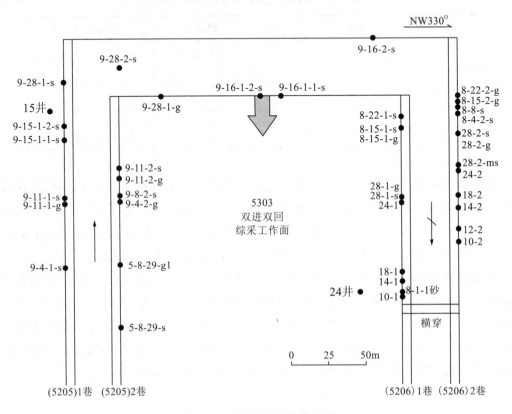

图2-8 煤层水取样位置图

采样地点位于成庄区块5303工作面,矿井现场所取的两种类型水样:一是顶板样,二是煤层样。巷道沿底板掘进,巷道顶距离煤层顶板约3m。顶板样取自锚索,锚索打入煤层约8m,进入到顶板,液体受到上覆盖层中水的影响,样品水化学特征接近于地层水样。煤层样取自锚杆,锚杆打入煤层约3m,压裂液主要受煤层水的影响,因而锚杆样品与锚索样品的水化学参数对比能够反映煤储层中压裂液与地层水混合后水化学变化的特征规律。含煤岩系中煤层水与砂岩水特征如表2-2所示。

从表2-2中可以看出:与矿井下采取加砂以后压裂液体的样品相比,压裂标准液存在 $K^+ + Na^+$ 偏低、Mg^{2+} 偏高、Ca^{2+} 偏高、Cl^- 偏低、SO_4^{2-} 偏高、HCO_3^- 偏高、游离 CO_2 偏高、SiO_2 偏高、矿化度偏高、pH值偏低等差异特征。通过对比分析认为上述参数指标中游离 CO_2 含量、SiO_2 含量指标对于甄别煤储层压裂液非常敏感,因此可以作为判断压裂液分布的有效指标,通过分析水样中上述离子浓度及游离 CO_2、SiO_2 含量等参数在平面

表 2-2 成庄区块压裂混合液水化学特征分析结果

取样编号	取样地点	阳离子含量(mg/L)				阴离子含量(mg/L)				游离 CO_2 (mg/L)	SiO_2 (mg/L)	矿化度 (mg/L)	pH值	水化学类型
		$K^+ + Na^+$	Mg^{2+}	Ca^{2+}	小计	Cl^-	SO_4^{2-}	HCO_3^-	小计					
5-8-29-g1	(5205)2巷	292.75	2.43	0.80	295.98	66.65	15.37	594.95	676.97	0.00	0.16	972.95	7.29	HCO_3^-—$(K^+ + Na^+)$
5-8-29-s	(5205)2巷	297.75	1.94	2.40	302.09	69.13	11.53	610.20	690.86	44.00	0.18	992.93	6.84	HCO_3^-—$(K^+ + Na^+)$
8-1-砂	(5206)1巷	313.50	1.94	1.60	317.04	63.10	9.61	659.02	731.73	45.76	0.25	1048.77	6.92	HCO_3^-—$(K^+ + Na^+)$
8-4-2-s	(5206)2巷	321.75	1.94	1.60	325.29	63.46	15.37	671.22	750.05	30.80	0.22	1075.34	7.02	HCO_3^-—$(K^+ + Na^+)$
8-8-s	(5206)1巷	312.75	1.94	1.60	316.29	62.75	13.45	652.91	729.11	8.80	0.27	1045.40	7.28	HCO_3^-—$(K^+ + Na^+)$
8-11-2	2209巷	954.25	2.92	25.65	982.82	44.31	97.98	2221.13	2363.42	61.60	0.35	3346.24	7.23	HCO_3^-—$(K^+ + Na^+)$
8-15-1-g	(5206)1巷	291.75	0.97	3.20	295.92	62.04	7.68	610.20	679.92	0.00	0.34	975.84	7.76	HCO_3^-—$(K^+ + Na^+)$
8-15-1-s	(5206)1巷	294.25	1.94	1.60	297.79	62.75	11.53	610.20	684.48	13.20	0.29	982.27	7.38	HCO_3^-—$(K^+ + Na^+)$
8-15-2	(5206)1巷	325.00	0.97	1.60	327.57	63.81	7.68	683.42	754.91	30.80	0.25	1082.48	7.41	HCO_3^-—$(K^+ + Na^+)$
8-22-1-s	(5206)1巷	311.00	0.97	1.60	313.57	63.10	5.76	652.91	721.77	8.80	0.18	1035.34	7.10	HCO_3^-—$(K^+ + Na^+)$
8-22-2-g	(5206)2巷	326.25	1.46	2.40	330.11	65.58	11.53	683.42	760.53	22.00	0.27	1090.64	7.34	HCO_3^-—$(K^+ + Na^+)$
9-4-1-s	(5205)1巷	291.75	1.46	0.80	294.01	62.04	3.84	610.20	676.08	0.00	0.12	970.09	7.32	HCO_3^-—$(K^+ + Na^+)$
9-4-2-g	(5205)1巷	277.00	1.46	0.80	279.26	63.46	7.68	564.44	635.58	0.00	0.36	914.84	7.63	HCO_3^-—$(K^+ + Na^+)$
9-8-2-s	(5205)2巷	266.75	0.97	3.20	270.92	62.04	7.68	549.18	618.90	0.00	0.39	889.82	7.62	HCO_3^-—$(K^+ + Na^+)$
9-11-1-g	(5205)1巷	280.50	1.46	1.60	283.56	60.27	5.76	585.79	651.82	0.00	0.35	935.38	7.65	HCO_3^-—$(K^+ + Na^+)$
9-11-1-s	(5205)1巷	273.00	1.46	1.60	276.06	63.81	5.38	561.38	630.95	0.00	0.36	907.01	7.69	HCO_3^-—$(K^+ + Na^+)$
9-11-2-g	(5205)2巷	277.00	1.46	1.60	280.06	60.27	3.84	579.69	643.80	0.00	0.94	923.86	7.50	HCO_3^-—$(K^+ + Na^+)$
9-11-2-s	(5205)2巷	280.75	2.43	1.60	284.78	62.04	7.68	585.79	655.51	0.00	0.39	940.29	7.61	HCO_3^-—$(K^+ + Na^+)$
9-15-1-s	(5205)1巷	262.75	1.46	2.40	266.61	62.04	9.61	536.98	608.63	0.00	0.40	875.24	7.54	HCO_3^-—$(K^+ + Na^+)$
9-15-1-2-s	(5205)1巷	248.00	0.97	2.40	251.37	63.81	5.76	500.39	569.96	0.00	0.53	821.33	7.87	HCO_3^-—$(K^+ + Na^+)$
9-16-1-s	切眼	299.25	0.97	3.21	303.43	65.58	7.68	622.40	695.66	0.00	0.48	999.09	7.69	HCO_3^-—$(K^+ + Na^+)$

表 2-2

取样编号	取样地点	阳离子含量 (mg/L)				阴离子含量 (mg/L)				游离 CO_2 (mg/L)	SiO_2 (mg/L)	矿化度 (mg/L)	pH 值	水化学类型
		$K^+ + Na^+$	Mg^{2+}	Ca^{2+}	小计	Cl^-	SO_4^{2-}	HCO_3^-	小计					
9-16-1-2-s	切眼	297.25	1.94	4.01	303.20	62.04	9.61	628.51	700.16	8.80	0.55	1003.36	7.49	HCO_3^--$(K^+ + Na^+)$
9-16-2-s	切眼	317.50	0.97	2.40	320.87	63.81	9.61	665.12	738.54	0.00	0.31	1059.41	7.50	HCO_3^--$(K^+ + Na^+)$
9-28-1-g	切眼	327.25	0.97	3.21	331.43	65.58	3.84	695.63	765.05	0.00	0.11	1096.48	7.55	HCO_3^--$(K^+ + Na^+)$
9-28-1-s	(5205)1巷	278.25	1.46	0.80	280.51	62.04	1.46	567.49	630.99	0.00	0.31	911.50	7.65	HCO_3^--$(K^+ + Na^+)$
9-28-2-s	(5205)2巷	283.00	1.46	0.80	285.26	59.56	9.61	585.79	654.96	0.00	0.31	940.22	7.55	HCO_3^--$(K^+ + Na^+)$
10-1	(5206)1巷	290.25	1.46	0.80	292.51	58.49	15.37	597.99	671.85	0.00	0.20	964.36	7.72	HCO_3^--$(K^+ + Na^+)$
10-2	(5206)2巷	299.75	0.97	0.80	301.52	62.75	11.53	616.30	690.58	17.60	0.28	992.10	7.92	HCO_3^--$(K^+ + Na^+)$
12-2	(5206)2巷	290.75	0.97	0.80	292.52	58.49	19.21	591.89	669.59	13.20	0.30	962.11	7.57	HCO_3^--$(K^+ + Na^+)$
14-1	(5206)1巷	288.00	0.49	1.60	290.49	59.56	17.29	585.79	662.64	22.00	0.42	953.13	7.44	HCO_3^--$(K^+ + Na^+)$
14-2	(5206)2巷	294.75	1.46	0.80	297.01	76.22	19.21	573.59	669.02	22.00	0.22	966.03	7.18	HCO_3^--$(K^+ + Na^+)$
18-1	(5206)1巷	279.25	0.97	1.60	281.82	58.49	13.45	573.59	645.53	17.60	0.39	927.35	7.24	HCO_3^--$(K^+ + Na^+)$
18-2	(5206)2巷	282.00	1.46	1.60	285.06	56.72	13.45	585.79	655.96	8.80	0.25	941.02	7.27	HCO_3^--$(K^+ + Na^+)$
24-1	(5206)1巷	289.75	0.00	0.80	290.55	62.04	3.84	597.99	663.87	22.00	0.27	954.42	7.45	HCO_3^--$(K^+ + Na^+)$
24-2	(5206)2巷	303.75	0.97	1.60	306.32	59.91	15.37	628.51	703.79	13.20	0.24	1010.11	7.30	HCO_3^--$(K^+ + Na^+)$
28-1-g	(5206)1巷	296.25	1.60	1.60	298.82	62.75	11.53	610.20	684.48	39.60	0.38	983.30	7.26	HCO_3^--$(K^+ + Na^+)$
28-1-s	(5206)2巷	292.75	2.92	9.62	305.29	62.04	23.05	622.40	707.49	4.40	0.85	1012.78	7.09	HCO_3^--$(K^+ + Na^+)$
28-2-g	(5206)2巷	312.75	0.00	1.60	314.35	61.33	7.68	652.91	721.92	0.00	0.21	1036.27	7.53	HCO_3^--$(K^+ + Na^+)$
28-2-s	(5206)2巷	317.00	1.46	1.60	320.06	60.27	13.45	665.12	738.84	8.80	0.26	1058.90	7.40	HCO_3^--$(K^+ + Na^+)$
28-2-ms	(5206)2巷	304.00	0.97	1.60	306.57	59.56	11.53	634.61	705.70	0.00	0.26	1012.27	7.49	HCO_3^--$(K^+ + Na^+)$
压裂液	标准液	243.00	10.69	100.20	353.89	59.56	44.19	793.26	897.01	44.00	1.07	1250.90	6.89	
对比		低	高	高	高	低	高	高	高	高	高	高	低	

上的变化,就能够有效分析煤储层压裂裂缝延展方位及长度等,而且能够有效判断煤层气井压裂中压裂液流动的路径和波及范围,对于确定煤层气井泄流区域、核实煤储层压裂裂缝尺寸具有十分重要的作用,而且对于研究煤储层压裂裂缝的发展过程、启裂及扩展机制具有重要价值。

2.2.2 煤储层压裂混合液平面分布特征规律

通过对煤层气井周围煤储层内部和煤层顶板砂岩含水层内液体样品离子含量(K^+ + Na^+、Mg^{2+}、Ca^{2+}、Cl^-、SO_4^{2-}、HCO_3^-)及液体中矿化度、游离 CO_2 参数的对比,研究煤储层压裂裂缝延展方位和尺寸特征,分析煤层气井压裂液流动的路径。

首先,对比锚杆样品和锚索样品中水化学离子含量分布规律,压裂标准液的 K^+ + Na^+ 偏低、Mg^{2+} 偏高、Ca^{2+} 偏高、Cl^- 偏低、SO_4^{2-} 偏高、HCO_3^- 偏高,但压裂液中化学离子含量与地层水和煤层水的化学离子含量数值上差异不明显。通过对比分析锚杆样品和锚索样品中水化学离子含量高低,能够有效地判断煤储层原生大裂隙系统发育的位置。因为大裂隙系统内部煤层水通过水力交换能够被顶板含水层的水所混染,所以在大裂隙发育部位往往锚杆样品和锚索样品中水化学离子含量相当。通过对比水化学离子含量分布特征,即可确定平面上原生大裂隙发育的位置。

其次,依据锚杆样品中煤储层压裂液敏感性参数指标(液体中 SiO_2、游离 CO_2 值参数)的对比,找出平面上液体中 SiO_2、游离 CO_2 值高的部位,即可确定为煤储层压裂裂缝的位置,同时结合上述原生大裂隙位置的判断,就能够分析压裂裂缝与原生裂缝是否重合。

最后,通过分析锚杆样品和锚索样品中 CO_2、SiO_2 参数值,对比分析压裂裂缝是否穿层。

1. 压裂混合液中化学离子含量分布特征

(1)K^+ + Na^+ 含量。对比图 2-9(a)和图 2-10(a)发现,煤层气井 24 井和 15 井周围煤储层内部液体中 K^+ + Na^+ 含量分布大致呈以下趋势:越靠近煤层气井位置,煤储层内部液体中 K^+ + Na^+ 含量越低,其中锚索样品液体中 K^+ + Na^+ 含量分布受煤层水径流方向的影响,而后期水力压裂后压裂液注入煤储层中,推测受到压裂液的影响,较锚杆样品中 K^+ + Na^+ 含量更低,尤其是近井筒位置(距离井口位置 15m),水中 K^+ + Na^+ 含量则主要受到后期压裂液混入的影响,大体上呈现北东向带状分布的特征。

(2)Mg^{2+}、Ca^{2+} 含量。对比图 2-9(b)(c)和图 2-10(b)(c)发现,煤层气井 24 井和 15 井周围煤储层内部液体中 Mg^{2+}、Ca^{2+} 含量在压裂前后变化不明显,而且压裂前后离子浓度亦无明显变化,因此,煤储层原生裂缝与压裂裂缝重合的可能性较大。

(3)Cl^- 含量。对比图 2-9(d)和图 2-10(d)发现,锚索样品液体中 Cl^- 含量值较低,且主要沿着北东-南西向原生裂缝方位变化,而锚杆样品中 Cl^- 含量值普遍较锚索样品高,说明压裂液注入沿着北东-南西向原生裂缝方位,而且压裂液注入明显影响了煤储层内部液体的化学特征。

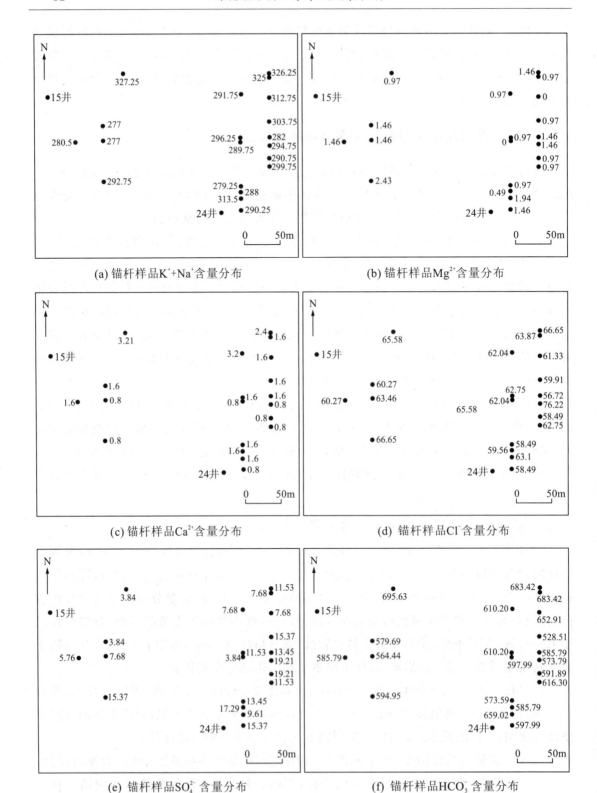

图 2-9 锚杆样品离子浓度分布特征图

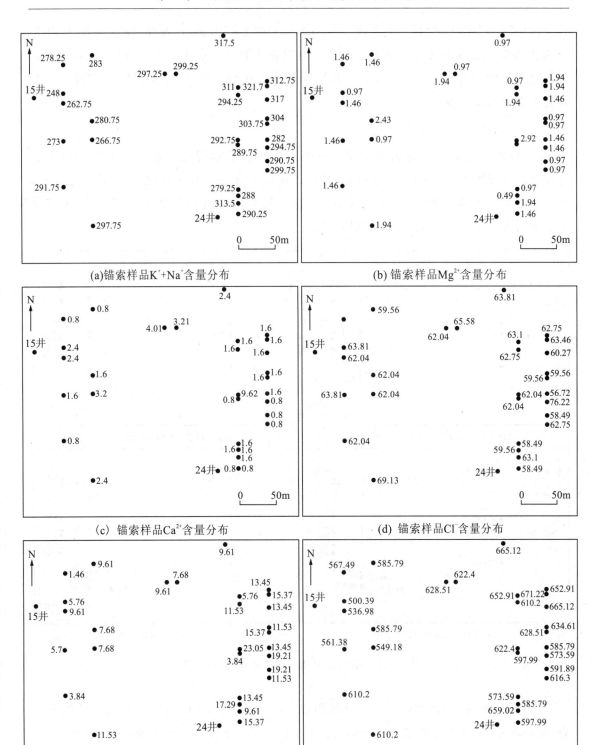

图 2-10 锚索样品离子浓度分布特征图

(4)SO_4^{2-}、HCO_3^-含量。对比图2-9(e)(f)和图2-10(e)(f)发现,煤层气井24井和15井周围煤储层内部液体中SO_4^{2-}、HCO_3^-含量在压裂前后变化不明显,而且压裂前后离子浓度亦无明显变化,与Mg^{2+}、Ca^{2+}含量变化分析相似。因此,煤储层原生裂缝与压裂裂缝重合的可能性较大。

2. 样品中敏感性参数的分布特征

(1)游离CO_2含量。对比图2-11(a)和2-12(a)发现,煤层气井24井周围锚杆样品煤储层内部液体中游离CO_2含量较高,呈现北东向带状分布的特征,总体上越靠近井筒,液体中游离CO_2含量越高,原因是后期压裂液中携带的游离CO_2进入煤储层中;而锚索样品地层水中游离CO_2含量不及煤层液体。

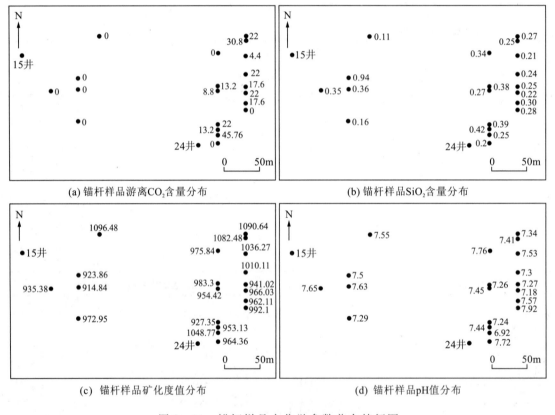

图2-11 锚杆样品水化学参数分布特征图

(2)SiO_2含量。对比图2-11(b)和图2-12(b)发现,SiO_2含量分布大致呈以下趋势:锚杆样品中SiO_2含量明显大于锚索样品,主要原因是加砂后压裂液进入煤储层产生的效果,而且越靠近井筒,水样品中SiO_2含量越高。SiO_2含量呈现北东向带状分布的特征,这种高SiO_2分布正好与北东向的原生裂缝发育特征相吻合。

由图2-11(b)和图2-12(b)可以看出,每口井的周围都出现了SiO_2高含量带,说明压裂液主要沿北东-南西方向运移,局部井的压裂液沿南北方向运移,这与研究区的裂隙

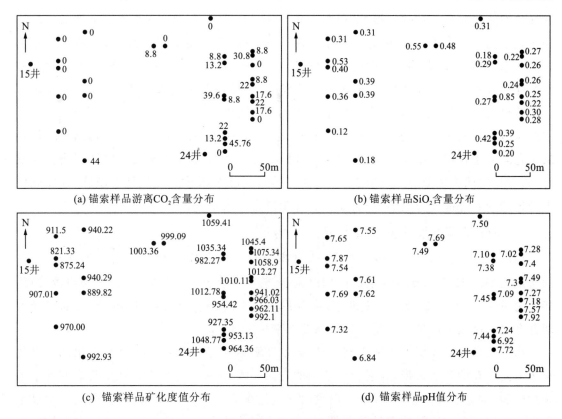

图 2-12 锚索样品水化学参数分布特征图

延伸方向吻合。此外,还可以看出井与井之间存在压裂半径未影响的区域,这说明井间距离存在不合理现象。井孔附近同样出现了相应的离子高含量带,其趋势走向也大致相同,而井孔中间区域出现了离子低含量带,表明此区域受压裂影响较小。

图 2-11(c)和图 2-12(c)说明矿化度减弱的趋势基本沿北东-南西方向,表明压裂液运移的方向同样是北东-南西方向。

2.2.3 压裂液的分布与原生裂缝系统的关系

1. 煤储层压裂裂缝与原生裂缝系统重合

压裂液的运移方向主要是沿北东-南西方向,局部井是沿南北方向。而由煤储层大裂隙系统发育特征得知,煤储层裂隙发育方向为北北东和南北向两组,且以北北东向发育较多,表明压裂液的运移是沿煤储层的原生裂缝系统。煤储层压裂裂缝与原生裂缝系统重合,是一个非常重要的现象,这对后期研究压裂裂缝的启裂及演化过程等非常关键,也是压裂裂缝模型提出的基本前提。

2. 煤储层压裂裂缝造缝长度相对有限

24 井附近出现了 SiO_2 的高含量带,说明压裂液主要沿北东-南西方向运移,这与取砂样的裂缝走向是一致的。据 SiO_2 含量分带可以看出,压裂影响区域纵向上的减弱趋势和区域横向上的大小。15 井附近同样出现了 SiO_2 高含量带,可以说明该区域压裂液主要沿北西—南东方向运移,据其分带也可以清楚地看出,压裂影响区域纵向上的减弱趋势。而在煤层气井之间存在相应的低离子含量带,说明存在着压裂未干扰的区域,即压裂盲区。这也表明,裂隙系统只在北东—南西方向产生了比较好的连通,形成了主裂缝通道。因此压裂实际效果未达到压裂预期的目标,表明原先确定的井距(300m)不太合理,而且从水化学离子含量分布特征分析,煤层气井附近范围内样品水化学离子特征变化特别敏感,显然与后期压裂液的注入有关,而离井筒越远样品中离子的变化越不敏感,即煤储层中液体未受到外部压裂液的影响,这一临界距离大约为 15m。

3. 煤储层压裂裂缝发育的相对复杂性

由图 2-11 和图 2-12 可以看出,15 井附近的分带性不如 24 井的分带性那么明显,间接地反映出 15 井区域的压裂破碎较严重,尽管有一主方向,但其他方向破裂也较发育。相比之下,24 井的压裂效果不太理想,主要沿原生裂缝压裂,横向上影响较小,间接导致两井孔之间区域上出现了未受压裂影响的条带状区域。

由于受到煤层盖层中水的影响,压裂分带性实际要复杂得多。15 井附近出现了沿北东东方向展布的高含量带,与区域主节理的走向一致,可能是压裂时沿主节理方向发生了顶板破裂,部分压裂液进入盖层中,以致出现了这个方向的高含量带;而在横向上则显示不出如煤层样品中所示的那种破碎情况。24 井附近的高含量带在横向和纵向上的影响范围明显变小,这表明压裂时只是沿主节理方向发生了顶板的轻微破碎,而在其他方向上则没有出现顶板的明显破碎,这与回采工作面上观测到的情况相符。

2.3 煤储层压裂裂缝内部充填特征解剖

2.3.1 压裂裂缝内充填物的组成及形态特征

矿井解剖发现,煤层气井近井压裂裂缝内充填物主要包括煤粉颗粒、钻完井浆液侵入煤储层形成的滤饼和压裂中注入的支撑剂颗粒三部分(图 2-13)。煤粉与支撑剂颗粒呈球状、碎片状可移动,煤粉多楔入支撑剂粒间,部分附着在颗粒表面;滤饼呈表皮状附着在裂缝壁面不可动,由煤岩向外依次为钻井浆液滤饼、固井水泥浆滤饼和压裂稠化剂聚合物滤饼,其中煤岩与钻井浆液滤饼间以及不同类型滤饼间的界面明显。

按照解剖点距煤层气井筒远近,可将样品分为远端充填、中端充填、近端充填三类。

远端充填样品[图 2-13(a)(b)],采自距离井筒 5m 处,样品裂缝壁面支撑剂铺砂密度较高为 $15kg/m^2$,煤粉含量高,密度为 $7kg/m^2$,成分以有机煤岩组分为主[图 2-13(a)];煤粉将支撑剂颗粒浸染成黑色,支撑剂砂粒均匀细小,颗粒堆积相对致密。因完井

图 2-13 近井压裂裂缝充填颗粒特征及滤饼形态特征
(a)取样点1;(b)取样点5;(c)取样点7;(d)取样点7;(e)取样点10;(f)取样点8

时期外部浆液沿开启的构造节理侵入,故压裂裂缝壁面可见明显的浆液滤饼,其中固井水泥浆滤饼较薄约 1mm,钻井浆液滤饼厚为 1.5mm[图 2-13(b)],浆液滤饼的存在会严重制约煤储层流体后期产出,但在水力压裂期间裂缝壁面上的滤饼较好地限制了压裂液的滤失,这点将在压裂裂缝堵塞机制部分重点阐述。

中端充填样品[图 2-13(c)(d)],采自距井筒 2.5m 处,裂缝壁面支撑剂铺砂密度为 13kg/m², 且颗粒受压裂液稠化聚合物分子黏合作用黏在裂缝壁面,颗粒可动性差,煤粉铺置密度为 6kg/m²,且煤粉中混有少量浅色方解石矿物[图 2-13(b)(c)],煤粉颗粒与支撑剂颗粒之间存在一定粒度分异性,因混有黏土等固相颗粒整体较脏。从样品侧视图 2-13(d)看出,裂缝壁水泥浆滤饼厚为 1cm,稠化剂聚合物滤饼厚约 1mm,二者之间边界明显。

近端充填样品[图 2-13(e)(f)],采自距离井筒 0.5m 处,裂缝壁面支撑剂分布相对稀疏,铺砂密度较低为 11kg/m²,有机煤粉密度为 5kg/m²,但片状方解石矿物数量较多

[图 2-13(e)];支撑剂粒径较大,受压裂稠化剂聚合物作用,部分支撑剂和方解石颗粒黏在裂缝壁面,颗粒可动性差,因此聚合物分子对压裂裂缝内部颗粒的黏合限制了后者的运移产出。裂缝壁水泥浆滤饼较厚约1cm,钻井浆液滤饼薄,为0.5mm(图2-13(f))。根据现场解剖,钻完井期间钻井浆液侵入深度略大于固井水泥浆,且前者滤饼厚度与井筒的距离关系不大。滤饼导致近井部位煤储层压裂裂缝壁面存在严重的表皮效应。

支撑剂颗粒以石英为主,次为长石和岩屑,浑圆状,部分颗粒沿解理面发生轻微破碎;煤粉以有机煤岩碎屑为主,含少量片状无机方解石和板状黏土矿物。解剖样品中充填支撑剂颗粒成分以石英为主,次为长石和岩屑,近端压裂裂缝内石英颗粒圆球度近0.7,粒径为850μm,少量石英矿物颗粒发生轻微破碎,影响了支撑效果[图2-14(a)],压碎的碎屑卡在支撑剂粒间使孔隙孔喉狭窄,伤害充填砂体孔渗性,诱发堵塞。长石颗粒整体含量较少,圆球度相对较差,粒径1000μm,硬度较小,故存在大量磨蚀凹坑,颗粒表面粗糙[图2-14(b)]。岩屑颗粒圆球度相对较差,粒径1000μm,颗粒表面较光滑,硬度较大,注砂中不易受到磨蚀破坏[图2-14(c)]。

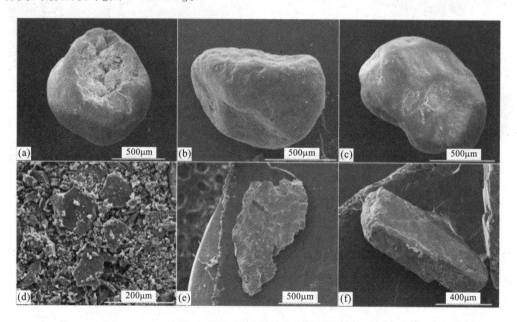

图 2-14 近井压裂裂缝充填颗粒扫描电镜(SEM)特征

(a)支撑剂中石英颗粒;(b)支撑剂中长石颗粒;(c)支撑剂中岩屑颗粒;(d)煤粉中煤岩碎屑;(e)煤粉中方解石矿物;(f)煤粉中黏土矿物

充填煤粉颗粒成分以有机煤岩碎屑为主,含少量片状方解石、黏土矿物。其中有机煤岩碎屑为碎片状或碎粒状,粒径为10~100μm,有一定的附着性[图2-14(d)];方解石矿物为片状,粒径500μm,性脆,不稳定,运移过程中可能二次解体形成更细小的碎屑[图2-14(e)];裂缝内充填的黏土矿物颗粒为板状,粒径1000μm[图2-14(f)]。

2.3.2 压裂裂缝内支撑剂空间特征变化规律

1. 颗粒粒度分布特征

据颗粒粒度变化特征可分为原砂样、远端样和近端样三类(图2-15)。

原砂样颗粒粒度以0.5~0.75mm居多,其次是大于0.75mm和0.4~0.5mm粒径的颗粒,小于0.4mm的颗粒极少,为中砂和细砂混合砂,颗粒总体呈浑圆状或椭圆状,绝大多数比较圆滑。

远端样颗粒粒度以0.5~0.75mm和0.4~0.5mm居多,其次是大于0.75mm和0.2~0.3mm粒径的颗粒,部分颗粒表面出现凹坑或断面,个别颗粒受损破坏严重。这部分砂粒占全部挖出砂粒的5%~8%,最显著特点是严重的次生破坏,绝大部分为石英的

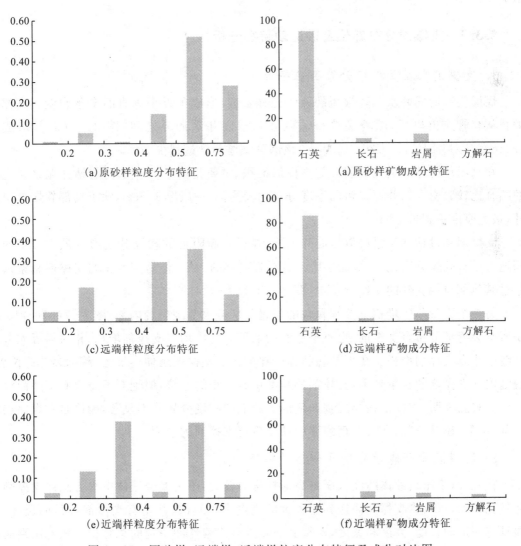

图2-15 原砂样、远端样、近端样粒度分布特征及成分对比图

颗粒破裂成碎块,颗粒形态以不规则状为主。从石英颗粒的破碎特征分析,其受到的作用力是十分巨大的。

近端样颗粒粒度以 0.5~0.75mm 和 0.3~0.4mm 居多,部分颗粒表面出现凹坑或断面,颗粒形态以浑圆状和不规则状为主。

2. 颗粒成分特征变化规律

支撑剂主要为石英,兰州中砂成分中石英占 96% 以上,其次为岩屑 4%。兰州细砂成分中石英占 98% 以上,其次为岩屑 2%。压裂后煤层中存在第三种岩石碎屑,即在压裂过程中在煤层中新形成的部分,其成分主要为泥岩、方解石碎片,是压裂液体伴随支撑剂在裂缝运移时冲击原生裂缝中的充填物以及煤层中的泥岩而成的。从图 2-15 中可以看出,原砂样、远端样和近端样三类颗粒中方解石矿物含量有一定变化,其他矿物成分变化不大。

2.3.3 支撑剂分布部位及砂运动特征分析

1. 支撑剂在煤储层中分布部位特征

煤层气井的固井水泥环被压裂液体充分胀裂,形成了近乎垂直的多条裂缝。支撑剂颗粒从套管流出以后,顺着裂缝挤入到套管与固井水泥环之间[图 2-7(d)],形成厚 0.3cm 的支撑剂不均匀堆积。总体上,该部分支撑剂含量很少。

在水泥环的外侧发现有明显的支撑剂堆积,主要是由于固井水泥与钻井泥浆饼之间的结合比较紧密。钻井泥浆饼的厚度分布比较均匀,一般厚 1.5cm,除了局部软煤分层以外,最大厚度不超过 2cm。

支撑剂穿过钻井泥饼层以后向外延伸,在近井筒附近的软煤分层形成最为集中的堆积地。尽管软煤分层在 3# 煤储层中只有靠近底部的一层,但是其堆积的支撑剂总量远远超过其他部位观测到的支撑剂总量[图 2-7(f)]。

另一个大量集中堆积支撑剂颗粒的位置是部分大节理裂缝内部[图 2-7(b)(c)]。不是所有裂缝都分布有支撑剂,也不是所有的节理裂缝中均有支撑剂堆积,相对靠近大节理裂缝中才有支撑剂堆积。在大节理裂缝内部堆积的支撑剂延伸得最远,越远离井筒位置,裂缝内部支撑剂的含量越少,支撑剂的粒度也有变小的趋势,但绝对不是仅有细砂而没有中砂。观测表明,支撑剂在煤层垂向剖面方向上的粒度分异并不显著,无论是在煤储层的上部、中部,还是下部,在大节理裂缝中均发现有支撑剂的堆积。

2. 压裂液输砂能量分析及砂运动特征

首先,由于压裂液体的注入压力高与排量比较大,压裂混合液体中水力悬浮支撑剂的能量比较大,可以将支撑剂输送到比较远的裂缝中。其次,凡是有支撑剂堆积的裂缝,必须具有一定的长度、高度和宽度,即裂缝必须具有连续性和一定的总容积。随着压裂液体运输距离的不断增加,输送支撑剂能耗增加,使得一部分支撑剂开始沉淀在裂缝中;随着输送过程中支撑剂的不断沉淀积累作用,支撑剂对通道内流体的阻力增加,随后的沉淀作用不断加强,最终支撑剂将从远端到井筒的方向沉淀,最后沉淀的支撑剂将挤入井筒附近的裂缝之中。值得指出的是,支撑剂的粒度分布并不存在沉积地点与井筒之间距离的明显相关性,事实是在井筒附近掏出相当数量的粉砂级,而远端裂缝内却发现不少支撑剂的粒度属于中砂级。

支撑剂在压裂液体内部的运动特征可以从时间和空间角度加以分析。从最初支撑剂进入井筒套管内部,由于射孔数量、孔径和方向等因素,支撑剂在套管内部将做剧烈的碰撞,其能量损失巨大,可以设想将石英撕裂所需要的瞬时能量是十分巨大的(图2-16)。由此可以得出,射孔数量及畅通程度对于压裂能量损失是十分重要的因素,也显示出改善射孔质量的重要性。另一个能耗比较大的环节是压裂流体要撑破套管外的水泥环,之后绝大部分压裂流体向外沿着水泥环以外的煤层节理缝隙中扩展。支撑剂在裂缝中运动的自由程必须是支撑剂直径的3倍以上;否则,大量支撑剂就不会在其中运动。至于水泥环以外的软煤分层中的支撑剂,笔者认为主要是支撑剂在最初与最后的沉淀和挤入作用造成的,这可能与粉砂的填缝作用和压裂最后的关井时间及最低关井压力有关。

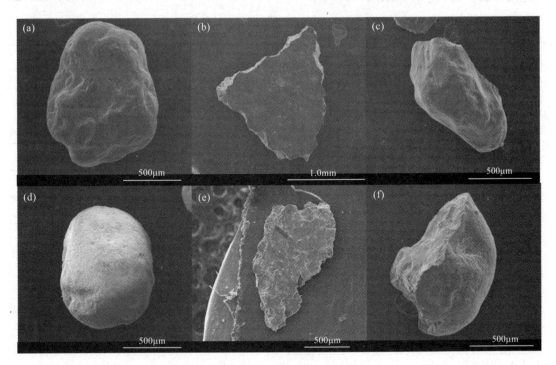

图2-16 兰州压裂砂的表面特征

成庄区块3#煤储层内部发育两组大裂缝系统,其中北东向节理系统更发育。压裂液体支撑剂总体呈北东-南西向延伸。从开挖现场观测结果看,支撑剂仅仅充填在北东-南西向的裂缝系统内部,在另外一组外生节理缝内分布很少,即使在近井筒2~3m部位也尚未观测到。加砂的主要作用是期望对压开裂缝,实施有效支撑,防止裂缝闭合。依据现场观测,压入煤层的砂确实对煤层裂缝具有支撑作用,支撑剂内部也比较纯。但是,随着远离井筒,起支撑作用的支撑剂厚度迅速变薄。

在井筒附近2~3m处,裂缝中支撑剂的厚度为0.5cm,最大为2cm;在距离井筒40m处,厚度减薄至2~3mm,且绝大部分为离散分布的支撑剂。在充填支撑剂裂缝附近的其他绝大部分裂缝内并无支撑剂充填,尽管裂缝特征照样明显,裂缝宽度并没有显著降低。所以,在充分肯定支撑剂的支撑作用时,不要过分高估支撑作用。从充填支撑剂裂缝表面观测,裂缝虽然有一定的挤入痕迹,但是其挤入深度一般在1/3颗粒直径以内。

2.3.4 压裂裂缝充填物分布特征及控制因素

1. 裂缝内充填颗粒分布规律及控制因素

对研究区煤层气井筒外10个解剖点,采取样品进行充填颗粒铺置密度、粒度、成分的观测统计,并将压裂裂缝充填颗粒胶结后切片,镜下观察评价其孔渗性。同时煤矿井下实地测量了10个解剖点处压裂裂缝内部充填砂体的厚度,进行压裂裂缝内部充填颗粒空间变化规律的研究(表2-3,图2-17)。

表2-3 煤层气井近井压裂裂缝充填颗粒空间分布特征参数表

取样点	支撑剂			煤粉			充填砂体	
	成分	铺置密度 (kg/m^2)	平均粒径 (mm)	成分	铺置密度 (kg/m^2)	平均粒径 (mm)	厚度 (cm)	镜下孔隙度 (%)
1	Q>F	15.69	0.200	OC	7.83	0.084	3.19	3.12
2	Q>F	14.49	0.485	OC	6.95	0.049	5.86	4.59
3	Q	13.55	0.650	OC>M	5.97	0.032	7.67	6.79
4	Q	12.34	0.850	OC>M	4.78	0.020	9.68	9.55
5	Q>F	15.58	0.250	OC>M	7.55	0.090	3.31	3.51
6	Q>F	14.67	0.500	OC>C	6.44	0.055	5.98	5.83
7	Q	13.78	0.750	OC>C	5.56	0.040	7.73	7.68
8	Q	12.87	0.900	OC>C	4.21	0.022	9.79	9.64
9	Q>R>F	13.87	0.800	OC>C	5.31	0.045	7.79	7.95
10	Q>R>F	13.23	0.900	OC>C	4.11	0.022	9.98	9.79

注:Q.石英;F.长石;R.岩屑;OC.有机煤岩;C.方解石;M.黏土

研究发现,在颗粒铺置密度上[图2-17(a)],支撑剂颗粒(白色实线)垂向上压裂裂缝壁面铺置密度趋势整体接近,但裂缝底部铺置密度要略高于顶部,如⑩>⑧>④,横向上越靠近井筒部位裂缝壁面颗粒密度越低;煤粉(白色虚线)颗粒垂向上铺置密度趋势同支撑剂,横向上远离井筒部位裂缝壁面煤粉浓度越高,支撑剂与煤粉颗粒变化的趋势面方向相反。在颗粒粒度上[图2-17(b)],在裂缝底部的支撑剂(白色实线)颗粒粒度要略大于顶部,横向上越靠近井筒裂缝壁面上支撑剂颗粒粒度越大;煤粉(白色虚线)垂向上裂缝壁面上颗粒粒度变化较大,裂缝底部颗粒粒度要明显大于顶部,如⑤＞①,横向上越靠近井筒部位裂缝壁面煤粉颗粒粒度越小,如④＜③＜②＜①。在压裂裂缝内[图2-17(c)],砂体厚度(白色虚线)垂向上整体接近,裂缝底部砂体厚度要略大于顶部,横向上越靠近井筒裂缝内砂体厚度越大,其中近井筒部位厚度可达10cm,与脱砂有关;砂体孔渗性(白色实线)垂向上变化较大,裂缝底部砂体孔渗性要明显大于顶部,如⑥＞②,横向上越靠近井筒充填砂体孔渗性越好,其趋势面方向与气井排采过程中裂缝内颗粒返排有关。

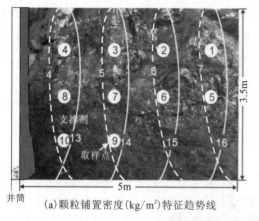
(a)颗粒铺置密度(kg/m²)特征趋势线

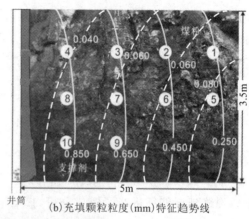
(b)充填颗粒粒度(mm)特征趋势线

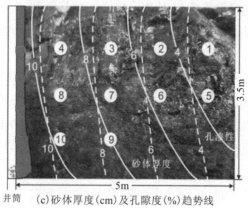
(c)砂体厚度(cm)及孔隙度(%)趋势线

图2-17 煤层气井近井压裂裂缝充填颗粒分布趋势特征

颗粒分布控制因素包括:①支撑剂铺置密度受压裂液滤失速度快、颗粒沉降时间短的影响,压裂裂缝垂向上铺置密度接近。由于远端压裂裂缝发生脱砂支撑剂压实,因此颗粒铺置密度高;而煤粉颗粒返吐受到充填砂体过滤的影响,主要聚集在压裂裂缝远端,近井筒煤粉铺置密度小;②颗粒粒度受到运移中重力分异影响,压裂裂缝底部支撑剂颗粒粒径略大于顶部,裂缝底部煤粉中混有方解石等较重矿物;③裂缝充填砂体厚度变化主要受裂缝远端脱砂控制,近井筒裂缝充填砂体厚度大可达10cm;随着压裂注入流体能量衰减,远离井筒方向砂体厚度减薄;④裂缝充填砂体粒间孔隙被煤粉充填会伤害其孔渗性,垂向上因压裂裂缝顶部有机煤粉含量高,使其楔入能力强,砂体孔渗性较差;裂缝远端裂缝壁面支撑剂铺置密度大、颗粒小,粒间孔隙狭窄,容易受到煤粉的堵塞,砂体孔渗性差。

2. 裂缝壁面滤饼分布特征及控制因素

矿井解剖发现,压裂裂缝壁面上滤饼空间分布具有很强的不均一性,其中钻井浆液滤饼侵入深度在5m以上,平均厚度1mm;水泥浆滤饼侵入深度不足5m,近端裂缝壁面滤饼厚度达1cm,远离井筒滤饼厚度减薄至尖灭。稠化剂聚合物滤饼仅在局部壁面可见。最先侵入煤储层构造节理中的钻井液,由于密度小,井筒液柱压力低,未能拓宽构造节理缝,故钻井浆液滤饼基本反映了煤储层天然裂隙的宽度。固井水泥浆侵入形成的二期滤饼,因水泥浆密度大、液柱压力高、且黏度大,构造节理被撑开,形成面滤饼厚且侵入深度小。压裂注砂阶段添加稠化剂的压裂液注入并在壁面形成三期滤饼。

2.4 小 结

本章在以往矿井解剖观测的基础上,对沁水盆地南部潘庄区块、成庄区块3#煤储层压裂裂缝延展特征进行了对比分析,摸清了煤储层压裂裂缝延展的几何尺寸、延展方位等关键参数,并对三种压裂裂缝系统成因及受控因素进行了初步分析,同时对煤储层内压裂液流动特征、范围及受控因素进行了研究,最后分析了煤储层内支撑剂分布的特征,得到如下主要结论。

(1)查明了煤层内三种裂缝类型为主的压裂裂缝类型及其延展特征,摸清了三种裂缝类型存在的地质条件。在裂缝的尺寸、方位等参数特征方面:压裂裂缝靠近井筒处开口较大,近井筒壁面上裂缝宽度达到15cm左右,在裂缝的延伸方向上,其张开度逐渐变小,延伸6m后裂缝宽度变为5cm左右。裂缝有效支撑长度在10m以内,裂缝延展方向顺从煤储层大裂隙系统发育方向,裂缝未穿层。

(2)压裂液分布规律方面,压裂液主要沿北东-南西方向运移,这与取砂样的裂缝走向是一致的。由分带性还可以看出,压裂影响区域纵向上的减弱趋势及其横向上的大小,证实了煤储层水力压裂中压裂裂缝的延展是优先选择原生裂缝系统。

(3)煤层气井近井压裂裂缝内部充填物主要包括煤粉颗粒、钻完井浆液侵入煤储层形成的滤饼和压裂中注入的支撑剂颗粒三部分。宏观上,煤粉和支撑剂颗粒呈球状、碎片状可移动,煤粉多楔入支撑剂粒间,部分附着在颗粒表面;滤饼呈表皮状附着在裂缝壁面不可动,由煤岩向外依次为钻井浆液滤饼、固井水泥浆滤饼和压裂稠化剂聚合物滤饼,其中煤岩和钻井浆液滤饼间以及不同类型滤饼间界面明显。

第三章 煤储层压裂液滤失特征及机理

与常规油气储集层相比,煤岩以有机组成为主,成煤过程中大量内生裂隙的产生和受构造改造形成的大量构造节理构成了煤储层压裂液滤失的有效空间。煤储层压裂液滤失对煤层气开发的影响体现在:①压裂液滤失导致有效造缝的液量不足,煤储层主干压裂裂缝长度缩短;②侵入煤储层内部的不可返排部分切断了主干裂缝与次级裂缝之间的压降传递,导致煤储层基块内部甲烷气难以解吸,煤储层压裂裂缝两侧壁的"表皮作用"非常严重,制约了煤层气井产能。

针对上述问题,国内外学者以室内实验手段为主,在压裂液滤失系数的计算、滤失伤害程度评价和降滤失措施等方面开展了研究,但对煤储层压裂液滤失空间、滤失机制及滤失对煤层气产出的伤害等方面的研究较少。

本章基于压裂实例矿井解剖,提出煤储层压裂液滤失的概念,结合室内压裂模拟实验,厘定煤储层压裂中压裂液滤失的部分,探讨煤储层压裂液滤失的空间及路径,解释压裂液滤失机制,构建原生结构煤、构造煤压裂液滤失数学模型,还对压裂液滤失对煤储层物性伤害机制进行探索,以期为研究区煤层气井压裂效果评价及压裂液降滤失工艺优化提供理论依据。

3.1 煤储层压裂液滤失的概念

煤储层压裂液滤失的部分是指在煤储层水力压裂中未能起到压裂主干裂缝造缝效果,且在气井排采过程中无法从煤储层内部返排的那部分液量。由于滤失液无法产出,因此对煤储层的伤害亦无法解除,煤层气开发效果受到了极大影响。通过室内实验研究,对单位体积煤岩压裂液滤失的比例及滤失的途径、空间等进行了测试观察,提出煤储层压裂液滤失的数学模型,同时对煤储层滤液伤害机制进行探究。

煤储层属于裂缝型储集层,包括裂缝渗流通道及孔隙、微裂隙储集空间的双重介质。裂缝是煤层气的流动通道,孔隙是煤层气的储存空间。基质岩块的渗透率K_m一般低于裂缝系统的渗透率K_f,裂缝的存储能力小,导流能力却远大于基质(韩金轩等,2014)。因此,对于原生结构煤储层压裂液滤失中滤失模型的建立可参考裂缝性油气藏压裂液滤失物理模型。而对于内部损伤极其严重的构造煤,单纯裂缝性滤失模型不适用,因此著者借鉴损伤力学,引入损伤变量 D,研究损伤程度煤体的渗透性特征,基于渗流力学提出了相应滤失量计算数学模型。双重介质下的煤储层压裂液滤失的物理模型见图 3-1 所示。

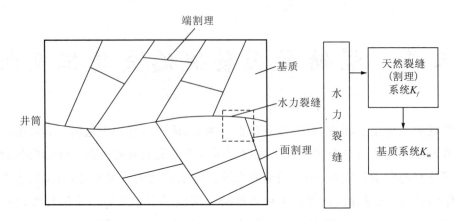

图 3-1 双重介质滤失的物理模型(韩金轩等,2014)

3.2 煤储层压裂液滤失的空间及路径

3.2.1 煤储层压裂液滤失特征实验

1. 实验原理及设备

为了测试大型煤样的压裂液滤失性能,通过借鉴压裂液动态滤失仪的结构原理,结合实验目的,即能够测试尺寸为 10cm×10cm×10cm 左右的煤岩样品的滤失性。将煤岩放入滤失仪中密封,利用高压水泵,向煤岩注入压裂液,再通过实时观察现象,测量压裂液滤失参数,分析压裂液的滤失效果。根据以上原理和思路我们研制了煤岩压裂液滤失实验仪,主要组成部分包括:钢化玻璃夹板注水仓、3MPa 水泵、流量计、湿度传感器、称重传感器、电子压力传感器、记录仪。其中注水仓和水泵共同组成压裂液泵送系统,是实验仪器的主要组成部分(图 3-2)。

泵送系统的主要工作流程是,通过水泵送水的出水口进入高压软管,开启总水阀,此时泄压水阀是关闭的;水通过三通阀,然后经过快速接头向注水仓流入,此时压力表压力为零。随着注水仓注满水,水的压力慢慢上升,产生了增压效果,压力表水压读数会慢慢上升,同时缓慢开启泄压水阀,慢慢调节泄压水口出水量,此时水压表的压力会产生一个波动,适时调节泄压水口使压力维持在需要的位置。当滤失完成后直接拔掉快速接头,然后就可以对整个仪器称重,算出煤样滤失量。

由于采用泵送水力压力范围在 0~3MPa,对仪器密封强度和机械结构强度的要求较高,同时为了便于观察实验现象,因此选用全钢化玻璃结构。仪器机械结构主要由注水仓、煤样加持机构、铝合金框架结构、围压系统、泵送系统组成,同时对传感器布局和传感

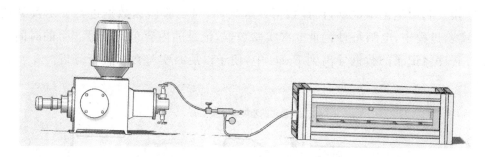

图 3-2　整体泵送水压系统结构图

器精度的选择要求较高。所以机械结构的设计直接影响到测量的合理性及稳定性,尤其是钢化玻璃水仓和煤岩与水仓之间的密封问题。

利用研制仪器进行实验,研究原生裂缝对滤失效果的影响。实验采取的方案具体为:在不对煤岩进行压裂的情况下,取得大块原样煤岩,采用 0~3MPa 内可调泵送系统对煤岩进行压裂液滤失实验。通过在大煤样底部布置湿度传感器来实时监测压裂液在滤失过程中液体的走向,同时整个装置都采用钢化玻璃结构(图 3-3),在保证滤失装置的强度情况下可以对整个煤样滤失过程进行观察,并且装置底部安装有高精度称重传感器,对滤失过程实时监测,通过上位机软件测得滤失过程的滤失量和滤失速率。实验装置可以测试不同煤样、不同压裂液的滤失量和滤失速率。

图 3-3　煤岩压裂液滤失仪结构图

该实验仪器可以监测的主要参数为煤岩湿度和注水前后煤岩重量。通过监测湿度可以反映出压裂液(清水)在煤岩中的流动情况,采用湿度传感器可以对湿度进行监测。通过测量煤岩中的重量可以推算出压裂液在煤岩中的滤失量,利用称重传感器对煤岩的重量进行监测。泵送系统中需要对压裂液压力和流量进行测定,同时也需要选用压力变送器和流量计。对传感器数据采集需要采用数据采集卡来读取,多路数据采集卡将实验数据进行转换。利用笔记本电脑,设计数据处理软件,对实验监测数据进行显示及处理(图3-4)。实验过程中,电脑每秒记录5次实验数据,记录的内容包括信号产生的时间、湿度和重量。程序将记录的数据导出到 Excel 中,便于以后对实验数据进行分析。

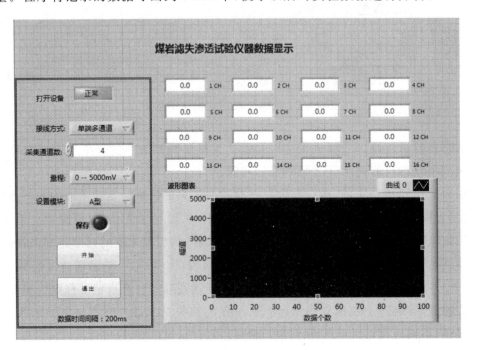

图3-4　数据读取界面图

2. 煤样压裂滤失实验步骤

(1)将煤样切割成平面(2个面)平整的长方体,放置阴凉处晾干,并称其重量 M_1。

(2)将晾干的煤样与实验仪器渗水仓密封连接。采用里层粘胶、外层塑钢泥包裹,并用相同方法将渗水仓与玻璃水箱密封连接,放置阴凉处待塑钢泥凝固。

(3)安装实验仪器,连接各数据采集器(湿度传感器、称重传感器)、多路数据采集卡线路并与计算机控制台相连接,设定参数并连接好注水泵,准备实验。

(4)打开 Labview 软件,开始采集数据 M_2(此时所得稳定数据 M_2 为未加水时所得部分仪器与煤样总重)。打开水泵,开始注水并得到即时煤样湿度与煤样增重总值。并观测玻璃水仓水位和开始憋压时的数据及水泵水压。在玻璃水仓刚好注满水时记录称重传感器示数 M_3(此时所得稳定数据 M_3 为玻璃水仓加满水时所得部分仪器与煤样总重)。

(5)观察煤样开始有清水渗出时的实验现象,并记录此时水压、称重传感器和湿度传感器的数据。

(6)继续恒压供水,观测煤样渗水现象。

(7)关掉水泵,停止供水,将实验仪器上渗流出的水处理干净,记录此时的称重传感器示数 M_4(此时所得稳定数据 M_4 为玻璃水仓加满水时所得部分仪器与注水煤样总重),关闭计算机控制台、数据采集器。

(8)拆卸煤样,并测出煤样重量 M_5。

实验过程中,通过加压泵泵水加压,向煤样中压水。水充满玻璃水箱,煤样表面裂隙有水流出,称重传感器、湿度传感器数据采集正常。

3. 室内实验现象

测试煤样采自沁水盆地寺河矿区,煤样整体为半亮煤,煤体结构保存较为完整,煤质较硬,节理发育,易破碎。

实验现象:实验开始后,通过加压泵泵水加压,向煤样中压水。清水充满玻璃注水仓后,过 3 秒煤样即有水从裂隙流出,该裂隙为位于样本正面最宽的裂隙。水压表无变化,水压没有上升。裂隙宽度大,清水很容易通过裂隙,不能造成憋压。即使如此,1 分钟后清水也渐渐从其他裂隙渗出。对玻璃水箱中的水增压后,随着实验的进行,煤样中的多条裂缝均有清水渗出。实验可观察到在增压后,清水从煤样缝隙中滤失,且先由裂隙滤失,后由微裂隙滤失;观察到滤失顺序为先底部后上部(图 3-5)。

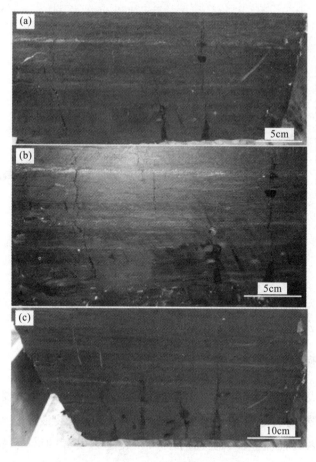

图 3-5 煤岩端面压裂液滤失特征图

4. 实验结果分析

(1) 重量数据分析。将实验中记录的总重量减去仪器的重量,得到压裂液滤失到煤岩后的总重量。做出总重量随时间的变化曲线图,至第 220 秒时,仪器中的液体溢出,仪器的总重量维持不变。实验数据显示,煤岩重量与滤失的总液量之和从 5723.3g 增加至 8743.3g,220 秒产生的总滤失量为 2020g,总重量呈直线上升趋势。

(2) 湿度数据分析。对湿度传感器编号,湿度变化从玻璃水箱中清水刚进入煤样中开始记录。通过 Matlab 对测得的数据进行四维拟合,得到图 3-6 和图 3-7。图 3-7 中横纵坐标表示湿度传感器呈阵列式布置,竖轴表示时间变化,颜色代表湿度的高低。通过颜色的变化可以直观地观察煤岩与湿度传感器接触点附近的湿度变化。随着实验的进行,煤样湿度整体上呈上升趋势,且整体湿度变化较大。1 号、4 号、7 号传感器所在位置煤样湿度变化程度及变化速率大于 2 号、5 号、8 号和 3 号、6 号、9 号,并可以看出从前到后逐渐减小。由以上可推断出,煤中裂隙走向是沿 1 号、4 号、7 号传感器所在的一侧,清水是由渗水仓近端向远端逐渐渗透的。

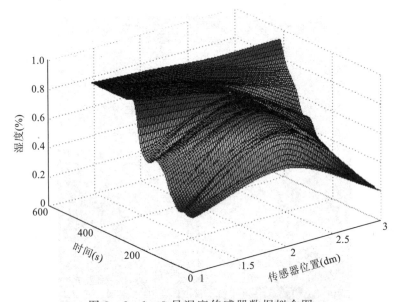

图 3-6　1~3 号湿度传感器数据拟合图

3.2.2　压裂液滤失的空间和路径分析

上述实验现象表明,由于煤岩裂隙发育,裂缝宽度较大,导致水流受到的阻力很小,水能很容易地通过裂隙,滤失速度快。底部湿度传感器显示压裂液由注水端向远端逐渐滤失。在裂缝发育的区域,压裂液的滤失速度快;在裂缝不发育的区域,压裂液的滤失速度慢。这说明裂隙是压裂液的主要滤失路径,同一区域煤储层中裂隙的发育程度将影响压裂液的滤失速度。

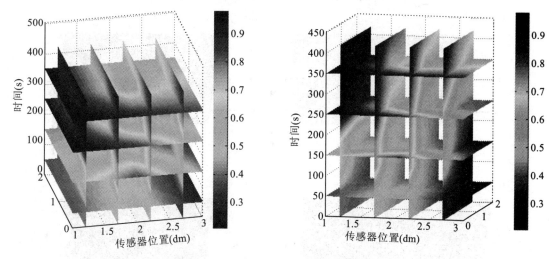

图3-7 湿度传感器数据拟合图

1. 原生结构煤压裂液滤失的特征空间

曹伟(2015)通过分析比较煤的微裂隙空间分布图像,针对不同煤体结构的损伤特征及孔隙、裂隙进行了分形计算(图3-8)。原生结构煤裂缝发育规则平整,且裂缝发育密度相对较低,整体表现以煤岩基块基质为主。原生结构煤的裂隙系统分布规则,端割理和面割理几乎呈正交分布,但裂隙宽度小,且有矿物质充填,故其渗透性呈各向异性。

结合煤岩压裂液滤失室内实验,认为原生结构煤压裂液滤失的主要空间为煤岩基块基质,且压裂液滤失的力学方式为渗透与从水力裂缝向天然裂缝中的渗流滤失和天然裂缝向基质中的窜流相结合的方式。

2. 碎裂煤压裂液滤失的特征空间

通过碎裂煤的微裂隙空间分布图像,可见碎裂煤的内生裂隙和外生裂隙分布情况,其中煤体的内生裂隙大部分都被充填,而外生裂隙多为张裂隙,并没有被充填。张裂隙延伸长度较长,裂隙宽度在不同空间有明显差异。

碎裂煤的裂隙系统最发育,裂隙主要分为张裂隙和内生裂隙两类。张裂隙宽度较大,内生裂隙多被充填,所以碎裂煤的煤体渗透率较高,有利于流体的渗滤。观察发现,碎裂煤同一方向上的张裂隙呈平行排列,且与不同方向上的裂隙相互贯通。所以碎裂煤的裂隙比较发育,沟通性好,对压裂液滤失有促进作用(曹伟,2015;李伟等,2014)。结合煤岩压裂液滤失的实验现象分析可知,碎裂煤的压裂液滤失空间主要为未被矿物充填的张裂隙和内生裂隙系统,尤其是内生裂隙发育广泛,密度高,是压裂液滤失的主要空间和途径。碎裂煤的压裂液滤失的动力学机制以从水力裂缝向天然裂缝中的渗流滤失和少量天然裂缝向基质中的窜流为主,基质中的渗透为辅。

3. 糜棱煤压裂液滤失的特征空间

通过比较原生结构煤、碎裂煤和糜棱煤三种煤样的结构可以发现,糜棱煤的原生结构遭

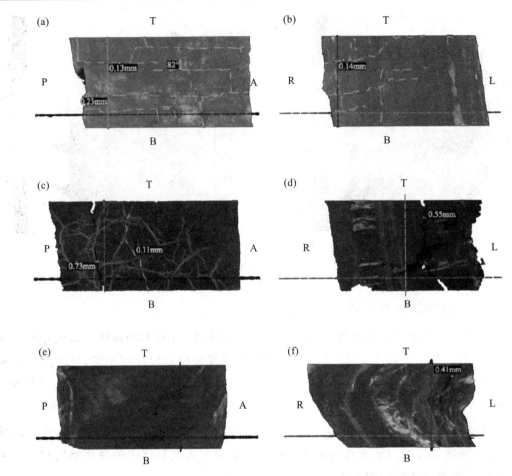

图 3-8 原生结构煤的微裂隙空间分布图(曹伟,2015)
T.顶板;B.底板;R.右侧;L.左侧;P.前面;A.后面

受破坏最严重,煤体内部裂隙分布较少,裂隙宽度小,煤岩有揉皱变形。通过 CT 扫描实验,得到三种煤样的渗透性从小到大排列为:糜棱煤＜原生结构煤＜碎裂煤。据逾渗理论,孤立孔隙团数的上升将导致渗透率大幅度降低,孔隙团连通性很差,造成流体难以渗透。

三维 CT 重建结果表明,构造应力深刻影响了煤的孔隙结构。原生结构煤结构致密,内部孔隙彼此孤立而不相连通,而孔隙与裂隙相连部位可形成较大的孔隙团,逾渗概率也明显提高(表 3-1)。

在构造应力作用下,煤可发生脆性碎裂作用,形成不规则状的微米级角砾,角砾间相互交叠支撑形成不规则的微裂隙和孔隙。这些微裂隙和孔隙彼此相互连通,造成最大孔隙团规模加大,逾渗概率升高,由此提高了煤储层渗透率(李伟,2014)。随着构造作用的增强,煤可发生脆-韧性变形,形成鳞片煤。煤基质在强烈剪切变形作用下可形成磨圆状的细小碎粒。这些碎粒可充填孔隙、裂隙,使最大孔隙团规模下降,孔隙连通空间减少,渗透性下降;糜棱煤由于塑性变形,煤岩混杂,碎粒物质进一步研磨形成泥状、粉末状的糜棱质,常常堵塞孔裂隙,使裂隙趋于闭合、断续而不连通。

表 3-1 不同煤体结构煤三维 CT 数字模型逾渗概率结果(李伟等,2014)

煤体结构	孔隙度(%)	空隙团总数	最大团含像素数量	逾渗概率(%)
原生	11.50	150 440	951 874	2.22
	11.85	147 880	1 162 648	2.71
	14.64	143 169	3 106 274	7.24
	8.83	132 693	359 879	0.84
碎裂	20.07	96 573	7 519 754	17.54
	17.35	115 695	6 022 102	14.05
	16.17	120 624	5 488 135	12.8
	19.45	104 907	6 833 238	15.94
鳞片	15.35	136 915	3 980 835	9.28
	14.18	139 287	1 862 813	4.34
	16.65	127 874	4 903 302	11.44
	17.15	116 353	5 729 204	13.36
糜棱	8.20	155 412	802 128	1.87
	9.72	147 353	1 453 359	3.39
	7.85	149 510	245 065	0.57
	7.76	154 016	281 233	0.66

由于糜棱煤内部结构被外力改造,原生裂缝系统不发育或内部被煤粉等颗粒物充填,因此糜棱煤内部压裂液滤失的主要空间为煤粉颗粒粒间孔隙、少量的原生或后期应力拖拽改造形成的大孔隙。因此,糜棱煤内压裂液滤失的动力学机制类似于致密砂岩孔隙型储层内部流体的运移方式,即以基质中的渗透为主,从水力裂缝向天然裂缝中的渗流滤失和天然裂缝向基质中的窜流为辅。

3.3 煤储层压裂液滤失的动力学机制

矿井解剖发现,原生结构煤和构造煤由于压裂裂缝模式不同,因此后期压裂裂缝内部液体向基质滤失的动力机制也不同,主要受裂缝壁面滤饼发育特征和煤岩内部损伤程度的影响。

3.3.1 原生结构煤压裂液滤失动力机制

原生结构煤按照压裂裂缝的启裂形式和两侧壁面滤饼发育特征的不同,可分为两种情况。

1. 压裂裂缝一侧发育水泥滤饼,另一侧为煤岩

前期矿井解剖发现,煤储层压裂裂缝多沿着原生大裂隙系统扩展,压裂裂缝与原生裂缝基本重合,因此压裂裂缝的启裂往往沿原生裂缝内部滤饼和煤岩或滤饼界面之间展开(图 3-9)。与相对较暗淡的煤岩相比,较光亮的煤储层压裂裂缝启裂则多从固井水泥滤饼和新鲜煤岩界面开始,分析认为应与煤岩和滤饼之间的胶结强度有关,壁面一侧发育有完整连续的滤饼,另一侧为发育原生孔裂隙系统的煤岩。

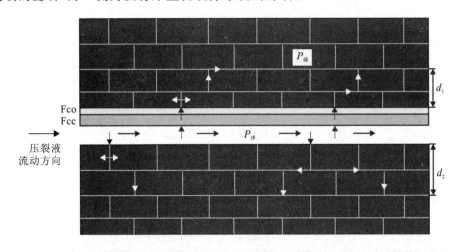

图 3-9 原生结构煤压裂液滤失动力机制

Fco.钻井聚合物滤饼;Fcc.固井水泥滤饼;$P_储$.储层压力;$P_净$.裂缝流体压力;d_1、d_2.滤液侵深

因此压裂裂缝内部流体的滤失动力机制需分为两部分进行研究。

(1)压裂液透过滤饼向煤岩滤失。由于流体通过裂缝内部净压力压差以缓慢层流方式向滤饼层渗透,因此该过程符合达西定律。根据达西方程:

$$Q_f = K \frac{A \Delta P}{\mu d} \times 10^{-1} \quad (3-1)$$

式中:Q_f 为单位滤失量;K 为滤饼渗透率;A 为裂缝壁面滤饼面积;d 为压裂液滤液法向侵入深度;ΔP 为压裂裂缝流体净压差;μ 为压裂液黏度。

因此,要得到裂缝壁面单位面积上的流速,关键是确定滤饼层的厚度、渗透率和滤饼面积,而上述参数通过现场解剖能够获得。同时也要对比确定固井水泥滤饼和钻井聚合物滤饼渗透性高低,因为最终决定压裂液进入煤储层的程度的是渗透性较低的滤饼层。显然压裂液通过滤饼一侧进入煤储层的量较少,由于滤饼渗透性较差,因此滤饼的发育对于近井部位压裂液的滤失起到了很好的限制作用,这对于近井压裂裂缝的扩展有利。

(2) 新鲜煤岩壁面压裂液滤失机制。滤液不受阻拦直接进入煤体后的滤液运动特征符合裂缝性气藏压裂液滤失数学模型。

模型的假设条件为:压裂液首先由压裂裂缝渗滤到天然裂缝中,然后由天然裂缝向基质流动。压裂实践表明,裂缝性储集层压裂很难形成有效滤饼,因此可忽略比裂缝净压力小得多的滤饼区压降。由于本书主要是研究煤层气藏的滤失问题,因此可忽略煤层气藏中气体压缩性的影响。基于上述假设条件,据类似于双重介质的 Warren-Root 数学模型,可得三重介质流体的线性滤失方程(李勇明等,2004a、b)为:

$$\begin{cases} \dfrac{\partial^2 p_f}{\partial x^2} + \lambda_1(p_1 - p_f) + \lambda_2(p_2 - p_f) + \dfrac{C_f \varphi_f \mu_e}{K_f} \dfrac{\partial p_f}{\partial t} \\ \lambda_1 K_f(p_1 - p_f) = -C_1 \varphi_1 \mu_e (\partial p_1/\partial t) \\ \lambda_2 K_f(p_2 - p_f) = -C_2 \varphi_2 \mu_e (\partial p_2/\partial t) \end{cases} \quad (3-2)$$

式中:p 为流体的压力;μ_e 为有效黏度;φ 为孔隙度;K 为渗透率;C 为综合压缩系数;t 为滤失时间;下标 f、1、2 分别为天然裂缝系统、介质Ⅰ和介质Ⅱ;$\lambda_1 K_f$、$\lambda_2 K_f$ 分别为天然裂缝与介质Ⅰ和介质Ⅱ之间的窜流系数。

$$U_f = \dfrac{2\Delta P}{\pi \omega_f} \int_0^{+\infty} \dfrac{\beta}{\sqrt{G}} \Big[\Big(\dfrac{\lambda}{\omega_m \gamma_1} + 1\Big)(e^{\gamma_1 t} - 1) + \Big(\dfrac{-\lambda}{\omega_m \gamma_2} - 1\Big)(e^{\gamma_2 t} - 1) \Big] \sin\beta x \, d\beta \quad (3-3)$$

式中:

$$G = \Big(\dfrac{\beta^2 + \lambda}{\omega_f} + \dfrac{\lambda}{\omega_m}\Big) - \dfrac{4\lambda \beta^2}{\omega_f \omega_m}$$

$$\gamma_1 = \dfrac{-\Big(\dfrac{\beta^2 + \lambda}{\omega_f} + \dfrac{\lambda}{\omega_m}\Big) + \sqrt{G}}{2}$$

$$\gamma_2 = \dfrac{-\Big(\dfrac{\beta^2 + \lambda}{\omega_f} + \dfrac{\lambda}{\omega_m}\Big) - \sqrt{G}}{2}$$

由式(3-2)求出裂缝系统的压力(p_f)后,即解出 U_f 后,由压裂裂缝壁面附近的压力梯度计算压裂液滤失速度,即:

$$v = -\dfrac{K_f}{\mu_e} \dfrac{\partial U_f}{\partial x} \Big|_{x=\xi}$$

式中:ξ 为与压裂裂缝壁面的距离;λ 为物质交换系数。

2. 压裂裂缝两侧壁面均发育滤饼

相对于暗淡煤岩,煤储层压裂裂缝启裂往往沿着固井水泥滤饼和钻井聚合物滤饼之间界面展开(图3-10),因此压裂裂缝两侧壁面分别为水泥滤饼和钻井聚合物滤饼,在这种情况下,压裂裂缝内部流体向两侧滤失的动力机制主要是通过压力差向滤饼渗透从而进入煤储层,该过程符合达西定律。

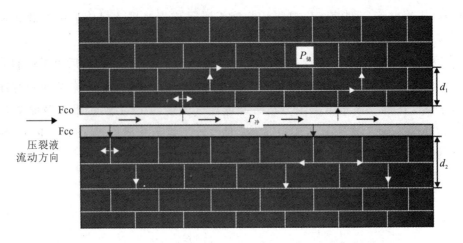

图 3-10　压裂裂缝两侧均发育滤饼压裂液滤失动力机制

Fco. 钻井聚合物滤饼；Fcc. 固井水泥滤饼；$P_储$. 储层压力；$P_净$. 裂缝流体压力；d_1、d_2. 滤液侵深

(1) 钻井聚合物滤饼一侧壁面压裂液滤失机制。根据达西方程：

$$Q_{fo} = K_o \frac{A \Delta P}{\mu d} \times 10^{-1} \quad (3-4)$$

式中：Q_{fo} 为钻井聚合物滤饼一侧单位滤失量；K_o 为钻井聚合物滤饼渗透率。

(2) 固井水泥滤饼一侧壁面压裂液滤失机制。压裂裂缝壁面滤饼发育特征如图 3-11 所示。当压裂裂缝两侧均发育滤饼时，煤层气井近井部位压裂液滤失的程度较低，注入煤储层中的压裂液能量大，满足压裂初期裂缝启裂及扩展的需求，这也是近井部位裂缝宽度大、裂缝形态相对简单平直的重要原因。

根据达西方程：

$$Q_{fc} = K_c \frac{A \Delta P}{\mu d} \times 10^{-1} \quad (3-5)$$

式中：Q_{fc} 为固井水泥滤饼一侧壁面单位滤失量；K_c 为固井水泥滤饼渗透率。

图 3-11　压裂裂缝壁面滤饼发育特征图

3.3.2 构造煤压裂液滤失动力学机制

构造煤与压裂液流体接触的方式和原生结构煤的方式不同。由于构造煤松软,内部损伤严重,且滤失空间大,因此在钻完井期间,钻完井浆液中粒径较大的颗粒同样能够进入构造煤内部,使得在构造煤发育部位很难观察到滤饼。在水力压裂过程中,压裂液往往是与构造煤体之间接触,通常以射流形式对煤体进行严重的冲刷破坏(图3-12)。但总体上该流体仍可按照层流对待,即压裂液向构造煤体中滤失仍然符合达西定律。

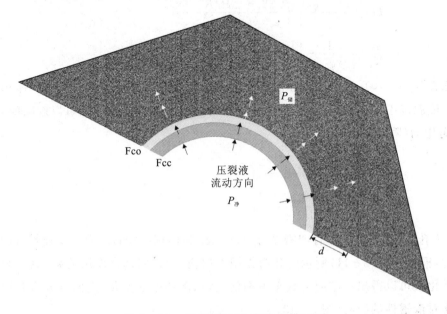

图 3-12 构造煤压裂液滤失模型图

Fco. 钻井聚合物滤饼;Fcc. 固井水泥滤饼;$P_{储}$. 储层压力;$P_{净}$. 裂缝流体压力;d_1、d_2. 滤液侵深

但由于不同构造煤体的内部损伤程度不同,导致材料渗透性有所差异,因此对于不同煤体结构煤储层,可引入损伤变量(D)与渗透率(K)的关系,利用煤体渗透性来衡量压裂液滤失程度。根据损伤变量的定义和孔隙度的概念,用孔隙度定义的损伤变量可以表示(刘豆豆,2008)如下:

$$D = \frac{\varphi_0 - \varphi}{\varphi_0 - \varphi_s} \tag{3-6}$$

式中:φ_0 为初始孔隙度;φ_s 为材料发生破坏时的孔隙度。

根据方程(3-6)可知,损伤变量(李银平和杨春和,2006;陈海栋,2013):

$$D = \frac{\varphi_0 - \varphi}{\varphi_0 - \varphi_s} = \frac{(1-\varphi_0)(\beta_s \Delta T - \Delta P/K_s - \varepsilon_v)}{(1+\varepsilon_v)(\varphi_0 - \varphi_s)} \tag{3-7}$$

在描述孔隙度与渗透率的关系时,上述方程已得到了广泛应用(Palmer 和 Mansoori,1996;Cui 和 Bustin,2005)。

$$\frac{K}{K_0} = \left(\frac{\varphi}{\varphi_0}\right)^3 \qquad (3-8)$$

联立方程(3-7)及方程(3-8)，可得出渗透率动态演化模型为：

$$\frac{K}{K_0} = \left(\frac{1}{\varphi_0} - \frac{(1-\nabla\varphi_0)(1-\nabla p/K_s + \beta_s \Delta T)}{\varphi_0(1+\varepsilon_v)}\right)^3 \qquad (3-9)$$

根据前面对煤岩体损伤变量和渗透率的动态演化分析研究，方程(3-7)、方程(3-9)可表示载荷作用下煤岩体损伤与渗透性的相互关系，即：

$$\left.\begin{aligned} D &= \frac{(1-\varphi_0)(\beta_s \Delta T - \Delta P/K_s - \varepsilon_v)}{(1+\varepsilon_v)(\varphi_0 - \varphi_s)} \\ \frac{K}{K_0} &= \left(\frac{1}{\varphi_0} - \frac{(1-\varphi_0)(1-\nabla p/K_s + \beta_s \Delta T)}{\varphi_0(1+\varepsilon_v)}\right)^3 \end{aligned}\right\} \qquad (3-10)$$

根据方程(3-10)，损伤变化和渗透率只和环境温度、气体压力变化、试样体积应变有关。当环境温度不发生变化，气体压力的变化对试样骨架变形的影响可以忽略时，方程(3-10)可简化为(陈海栋，2013)：

$$\left.\begin{aligned} D &= \frac{\varepsilon_v(\varphi_0 - 1)}{(1+\varepsilon_v)(\varphi_0 - \varphi_s)} \\ \frac{K}{K_0} &= \left(\frac{\varepsilon_v + \varphi_0}{\varphi_0(1+\varepsilon_v)}\right)^3 \end{aligned}\right\} \qquad (3-11)$$

式中：φ_0 为孔隙度；β_s 为煤体骨架密度(g/cm³)；ε_v 为体积应变；K_s 为体积模量(GPa)。

因此，根据方程(3-11)所示的载荷作用下损伤-渗透率耦合作用关系，只需知道体积应变的变化就可以得出一定应力状态下损伤变量、渗透率的变化，进而可分析载荷作用下试样损伤对渗透性的影响(图3-13)。

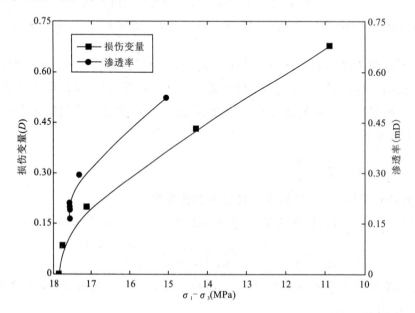

图 3-13　固定差应力卸荷围压过程中损伤变量、渗透率与差应力的关系(陈海栋，2013)

因此通过确定煤体损伤变量,根据损伤变量(D)与煤岩渗透性的关系,可用于调整构造煤的渗透系数(K),从而通过达西方程计算出不同破坏程度的构造煤压裂液滤失参数。

根据达西方程:

$$Q = K \frac{\Delta p}{\mu L} \times 10^{-1} \tag{3-12}$$

式中:Q 为构造煤单位滤失量;K 为构造煤体渗透率;A 为滤失面积。

3.4 煤储层压裂液滤失量计算数学模型

3.4.1 压裂中的滤失量计算原理

压裂液滤失量计算首先要确定压裂裂缝壁面的面积,可根据卡特裂缝面积公式的求解得出;然后结合前面对煤储层压裂液滤失动力机制中液体滤失速度的求解,则能够求取不同煤体结构煤储层压裂裂缝内压裂液滤失量。

压裂裂缝壁面积计算公式(王鸿勋和张士诚,1998):

$$Q = 2\int_0^t V(t-\tau) \frac{\mathrm{d}A}{\mathrm{d}\tau} \mathrm{d}\tau + W \frac{\mathrm{d}A}{\mathrm{d}\tau} \tag{3-13}$$

注意到等式右端积分号内的两个函数都是时间的函数,即:

$$F(t) \times G(t) = \int_0^t V(t-\tau) \frac{\mathrm{d}A}{\mathrm{d}\tau} = \int_0^t G(t-\tau) F(\tau) \mathrm{d}\tau \tag{3-14}$$

$$L\{A(t)\} = \frac{Q}{W} \left[\frac{1}{s^{\frac{1}{2}} \left(\frac{2C\sqrt{\pi}}{W} + s^{\frac{1}{2}} \right)} \right] \tag{3-15}$$

令 $b = \frac{2C\sqrt{\pi}}{W}$,将上式展开:

$$L\{A(t)\} = \frac{Q}{W} \left[-\frac{1}{b^3(b+s^{\frac{1}{2}})} + \frac{1}{b^3 s^{\frac{1}{2}}} - \frac{1}{b^2 s} + \frac{1}{bs^{\frac{1}{2}}} \right] \tag{3-16}$$

查出上式各项的拉氏变换:

$$A(t) = \frac{Q}{b^2 W} \left[e^{b^2} erfc(b\sqrt{t}) + 2b\sqrt{\frac{t}{\pi}} - 1 \right] \tag{3-17}$$

将 $b = \frac{2C\sqrt{\pi}}{W}$ 代入上式:

$$A(t) = \frac{QW}{4\pi C^2} \left[e^{\left(\frac{2C\sqrt{\pi t}}{W}\right)^2} erfc\left(\frac{2C\sqrt{\pi t}}{W}\right) + \frac{4C\sqrt{t}}{W} - 1 \right] \tag{3-18}$$

上式,令 $x = \frac{2C\sqrt{t}}{W}$,则可写为:

$$A(t) = \frac{QW}{4\pi C^2}\left[e^{x^2}erfr(x)+\frac{2x}{\sqrt{\pi}}-1\right] \quad (3-19)$$

3.4.2 原生结构煤压裂液滤失的数学模型

下面可分为压裂裂缝两侧壁面均有滤饼和仅一侧有滤饼两种情况讨论。

1. 压裂裂缝两侧壁面均有滤饼时压裂液滤失模型

(1)钻井聚合物滤饼一侧壁面压裂液滤失模型。压裂液滤失体积 V_{LO} 为：

$$V_{LO} = K_o\frac{A\Delta P}{\mu d}\times 10^{-1}\times \Delta T \quad (3-20)$$

式中：K_o 为钻井聚合物滤饼渗透率；ΔT 为压裂过程中滤失的时间。

(2)固井水泥滤饼一侧壁面压裂液滤失模型。压裂液滤失体积 V_{LC} 为：

$$V_{LC} = K_c\frac{A\Delta P}{\mu d}\times 10^{-1}\times \Delta T \quad (3-21)$$

式中：K_c 为固井水泥滤饼渗透率。

则压裂裂缝两侧壁面总的压裂液滤失量为：

$$V_L = V_{LO} + V_{LC} \quad (3-22)$$

2. 压裂裂缝一侧发育水泥滤饼，另一侧为煤岩

(1)压裂液透过滤饼向煤岩滤失模型。压裂液滤失体积 V_{LC} 为：

$$V_{LC} = K_c\frac{A\Delta P}{\mu d}\times 10^{-1}\times \Delta T$$

(2)新鲜煤岩壁面压裂液滤失模型。由压裂裂缝壁面附近的压力梯度计算压裂液滤失速度：

$$v = -\frac{K_f\partial U_f}{\mu_e\partial x}\bigg|_{x=\xi}$$

压裂裂缝面积 A 等于：

$$A(t) = \frac{QW}{4\pi C^2}\left[e^{x^2}erfr(x)+\frac{2x}{\sqrt{\pi}}-1\right]$$

因此新鲜煤岩壁面压裂液滤失量 V_C 为：

$$V_C = v\times A(t)\times \Delta T \quad (3-23)$$

则压裂裂缝两侧壁面总的压裂液滤失量为：

$$V_L = V_{LC} + V_C \quad (3-24)$$

3.4.3 构造煤压裂液滤失的数学模型

构造煤压裂液滤失体积 V_{LC} 为：

$$V_{LC} = K\frac{A\Delta P}{\mu d}\times 10^{-1}\times \Delta T$$

式中：K 为构造煤体渗透率；A 为滤失面积。

因此对于构造煤体而言，计算该部位压裂液滤失量，除了要确定煤体渗透率外，还要确定滤失面积(图 3-14)。

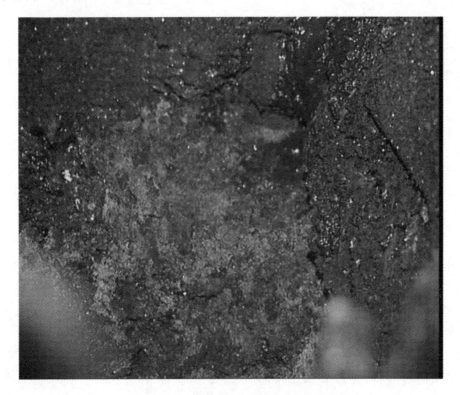

图 3-14　构造煤压裂液滤失特征图

3.5　煤储层裂缝内压裂液滤失伤害机制

由于煤岩材料本身具有很强的弹性性能，因此在煤层气开发期间煤储层的渗透性和煤岩基块本身形变是动态变化的。对于煤储层本身在水力压裂过程中，除了吸收大量外部液体外，产水体积形变的同时也吸纳大量的外部能量，因此在细观上表现为煤岩基块本身的形变，从而协调外部能量及流体的注入变化。而这种变化会使注入的部分压裂液发生"闭锁"作用，对后期煤储层渗透性和煤层气藏流体的产出产生伤害。

压裂液发生"闭锁"效应的机理(图 3-15)：

(1)压裂初期，随着大量外来液体进入煤储层，煤岩基块受压收缩，储备弹性能，抵御外部能量的变化，基块之间的内生裂隙缝宽度较大，煤储层渗透性较好。此时煤储层裂缝内部流体能够自由运动。

(2)压裂后期，随着注入压力下降，煤岩基块在前期储备的弹性能作用下反弹膨胀，基

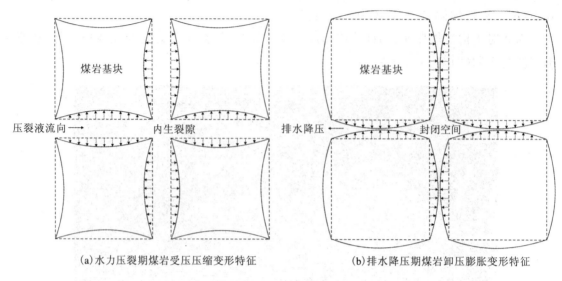

(a) 水力压裂期煤岩受压压缩变形特征　　(b) 排水降压期煤岩卸压膨胀变形特征

图 3-15　煤储层裂缝内压裂液滤失伤害机制

块之间缝隙变窄,因此在相邻基块中心形成封闭空间,部分压裂滤液形成闭锁。

排采期间,由于过快地排出煤储层裂缝内部的压裂液,因此煤储层压力降低会引起煤岩基块的快速反弹膨胀,使得煤储层渗透性变差,在煤岩基块中心部位会形成封闭区间,造成大量压裂液的闭锁,影响煤储层压降传递及内部流体产出。要想降低煤储层压裂液产生的"闭锁"作用,可采用优化不同粒径颗粒注入方式(图 3-16),并加入粉砂,粉砂能够支撑内生裂隙以下的微裂隙,因而能够有效降低压裂液滤液闭锁伤害的程度。

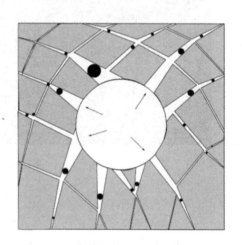

图 3-16　利用不同粒径支撑剂降低滤液"闭锁"作用示意图(Khanna 等,2013)

3.6　小　结

本章基于压裂实例矿井解剖,提出煤岩压裂液滤失的概念,结合室内压裂模拟实验,厘定煤岩压裂中压裂液滤失的部分,探讨煤岩压裂液滤失的空间及路径,解释压裂液滤失的动力机制,构建原生结构煤、构造煤压裂液滤失计算数学模型,还就压裂液滤失对煤储层物性伤害机制进行了探索,以期为煤层气井压裂效果评价及压裂液降滤失工艺优化提

供理论参考,得出了如下主要结论:

(1)实验现象表明,由于煤岩裂隙发育、裂缝宽度较大,导致水流受到的阻力很小,水能很容易地通过裂隙,滤失速度快。底部湿度传感器显示压裂液由注水端向远端逐渐滤失。在裂缝发育的区域,压裂液的滤失速度快,在裂缝不发育的区域,压裂液的滤失速度慢。这说明裂隙是压裂液的主要滤失途径,同一区域煤储层中裂隙的发育程度将影响压裂液的滤失速度。

(2)设计了一套用于测试煤岩压裂液滤失途径和滤失量的实验系统,获取了碎裂煤、构造煤煤岩样品压裂液滤失特征参数(滤失量、滤失路径),结合实验现象分析了压裂液滤失特征粒径和空间特征,为压裂液滤失动力学机制和滤失模型构建提供了实验基础。实验数据显示,煤岩重量与滤失的总液量之和从 5723.3g 增加至 8743.3g,220 秒产生的总滤失量为 2020g,总重量呈直线上升趋势。

(3)原生结构煤压裂液滤失的主要空间为煤岩基块基质,且压裂液滤失的力学方式为渗透与从水力裂缝向天然裂缝中的渗流滤失和天然裂缝向基质中的窜流相结合的方式。碎裂煤的压裂液滤失的动力学机制以渗流滤失和窜流为主,基质中的渗透为辅。糜棱煤内压裂液滤失的动力学机制类似于致密砂岩孔隙型储层内部流体的运移方式,即以基质中的渗透为主,以渗流滤失和窜流为辅。

(4)应用渗流力学模型,研究了原生结构煤、构造煤压裂液滤失动力学机制,提出了构造煤压裂液滤失损伤渗流模式,构建了碎裂煤、构造煤压裂液滤失体积计算数学模型,提出了压裂液滤液闭锁对煤层气藏流体产出的伤害机制,并提出煤储层滤液伤害的防治工艺措施。

第四章 煤储层水力压裂裂缝延展机制

煤储层压裂裂缝的延展主要包括裂缝的启裂、扩展和后期裂缝横向扩展对裂缝两侧煤体孔渗性的影响等方面。当前煤储层压裂裂缝的延展机制研究主要借鉴常规储层压裂理论,建立的压裂模型与实际情况误差比较大,如裂缝的启裂方式、启裂条件、裂缝后期延展机制等与实际不符,因而影响了煤储层压裂模型的建立。

本章基于沁水盆地南部矿井解剖实际,提出了煤储层压裂裂缝发展过程的四个阶段,这对于建立压裂裂缝延展模式至关重要;结合材料力学分析,引入悬臂梁分析模型,分析了煤储层压裂裂缝启裂机制,滤饼对裂缝启裂的影响;借鉴力链理论,分析了饱和充填压裂裂缝后期横向扩张的机制;结合损伤力学理论,阐述了裂缝扩展引起的煤体孔渗性变化规律,探究了压裂裂缝与原生裂缝的关系。

4.1 煤储层压裂裂缝发展过程

煤储层属于天然裂缝性储层,储层内部发育大型构造节理。以沁水盆地南部潘庄区块为例,$3^{#}$煤储层外生节理的主要走向为北东向和北西向两组。外生节理密集带具有近乎等间距发育的特点。且与煤储层压裂裂缝延展有紧密关联。煤储层压裂裂缝发展过程可概括为四个阶段(图 4-1)。

(1)主导阶段。通过矿井解剖发现,压裂裂缝多与原生大裂隙相重合,大裂隙系统往往主导了后续压裂裂缝的延展,压裂裂缝的发展建立在原生构造节理基础上。

(2)侵入阶段。煤层气井完井期间,完井浆液在压差作用下沿构造节理侵入煤储层,并在煤层气井近井部位天然裂隙壁面形成滤饼,其中钻井浆液滤饼侵入深度为 5m,固井水泥浆滤饼侵入深度不足 5m。而水泥浆侵入的深度和部位,具体取决于钻井浆液滤饼与煤岩构造节理壁面的胶结强度。滤饼的发育对后期压裂裂缝启裂及延展具有重要影响。

(3)造缝阶段。压裂液产生拉应力,使得滤饼之间、滤饼与煤岩之间胶结界面强度破坏,压裂裂缝由滤饼界面间启裂,裂缝延展至滤饼尖灭后,与原始天然大裂隙系统沟通。

(4)加砂阶段。裂缝端部脱砂楔体堵塞,裂缝横向扩张,形成短而宽的充填压裂裂缝。压裂注砂期间,压裂液突破水泥浆滤饼与煤岩界面进入构造节理缝[图 4-1(c)],近井部位由于构造节理一侧壁面发育滤饼,因此压裂液只能沿另一侧煤岩壁面滤失,滤失速度相对较慢，而当压裂液流经至滤饼尖灭位置时，由于裂缝两侧煤岩完全裸露，压裂液滤失速度突然增大，在地面砂比和注入排量未来得及调整情况下即发生脱砂，并形成脱砂楔体[图4-1(d)]，如果后期注入的压裂液及支撑剂能力不足以冲破该楔体，则近端压裂裂缝只能在原生构造节理基础上进行拓宽，而且脱砂楔体在后期压裂流体冲击下通过颗粒间力链作用逐步压实致密(孙其诚和王光谦，2009)。最终形成短宽型压裂充填裂缝。

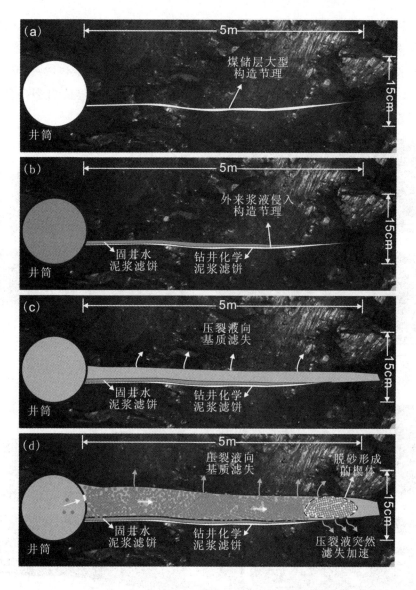

图4-1 煤储层压裂裂缝发展过程示意图
(a)主导阶段；(b)侵入阶段；(c)造缝阶段；(d)加砂阶段

4.2 煤储层压裂裂缝启裂机制

4.2.1 原生结构煤压裂裂缝启裂机制

原生结构煤压裂裂缝启裂分为两种类型：①压裂裂缝启裂从固井水泥滤饼和钻井聚合物滤饼界面之间展开，这种情况往往发生在暗淡煤岩部位；②压裂裂缝启裂从固井水泥滤饼和煤岩胶结界面展开，这种情况往往发生在光亮煤岩部位(图4-2)。基于上述两种情况，本书从材料力学理论引入悬臂梁分析模型，研究了纯张性界面启裂条件，为深入研究煤储层压裂裂缝启裂机制提供了参考。

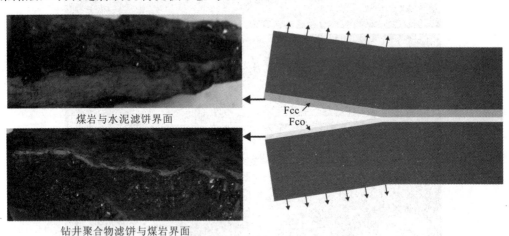

(a)暗淡煤压裂裂缝启裂机制

(b)光亮煤压裂裂缝启裂机制

图4-2 原生结构煤压裂裂缝启裂模型图

Fcc.固井水泥滤饼；Fco.钻井聚合物滤饼

根据材料力学理论,在荷载作用下复合材界面裂纹尖端附近的开裂面相互渗透或闭合,该相互渗透区域非常小,远小于断裂过程区。复合材界面的剪切断裂实验现象表明,界面呈脆性断裂特征,线弹性断裂力学方法可适用于复合材界面,也可用于分析煤储层压裂裂缝启裂过程中界面的断开现象。

根据Ⅰ型裂纹的应变能释放率 G_I 定义,有:

$$G_I = -\frac{1}{h}\frac{dU}{da} \quad (4-1)$$

式中:U 为总应变储能;h 为板厚;a 为裂纹长。

对于线弹性体,由于裂纹从扩展到 $a+da$ 所产生的应变能损失,就是在加载和卸载曲线之间的面积 dA,于是有(杨小军,2012)(图4-3):

$$-dU = dA = (Pd\delta - \delta dP)/2 \quad (4-2)$$

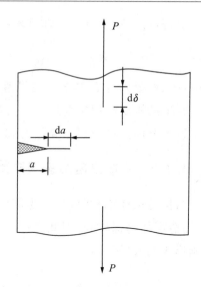

图 4-3 受拉伸载荷的含裂纹平板图 (杨小军,2012)

式中:P、δ 分别为载荷和与之对应的总张开位移。

将式(4-2)代入式(4-1)得:

$$G_I = \frac{1}{h}\frac{dA}{da} = \frac{1}{2h}\left(P\frac{d\delta}{da} - \delta\frac{dP}{da}\right) \quad (4-3)$$

双悬臂梁在拉伸载荷下裂开的半梁可用图4-4模型表示。

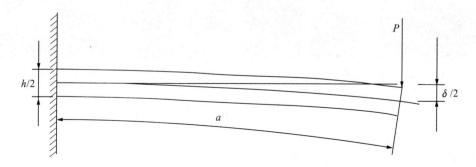

图 4-4 悬臂梁分析模型图

悬臂梁张开位移(杨小军,2012):

$$\frac{\delta}{2} = \frac{1}{2}BPa^3 \quad (4-4)$$

式中:$B = \dfrac{64}{E_x^b bh^3}$ = 常数;E_x^b 为厚度 $h/2$ 的悬臂梁沿轴向的有效弯曲模量。

将式(4-4)代入式(4-3),便得到能量释放率公式:

$$G_I = \frac{3BP^2a^2}{2b} = \frac{3P\delta}{2ba} \quad (4-5)$$

于是，可得临界应变能释放率：

$$G_{IC} = \frac{3BP_c^2 a^2}{2b} \quad \text{或} \quad G_{IC} = \frac{3P_c \delta_c}{2ba} \tag{4-6}$$

式中：P_c、δ_c 分别为 P 和 δ 的临界值，与裂纹初始扩展的开始有关。

原生结构煤压裂裂缝启裂的力学条件是：当作用于近井部位井壁流体静压力大于煤储层裂缝壁面滤饼与煤岩黏结力和最小水平主应力之和时，裂缝就发生启裂。

4.2.2 构造煤压裂裂缝启裂机制

当构造煤体堆积时，构造煤部位径向应力状态为 σ_r，当水力压裂液水流冲击力大于 σ_r 时，构造煤体垮塌破碎，因此高速水流达到造浆动力条件时，构造煤体形成径向裂缝（径向冲刷形成洞穴，图 4-5）。

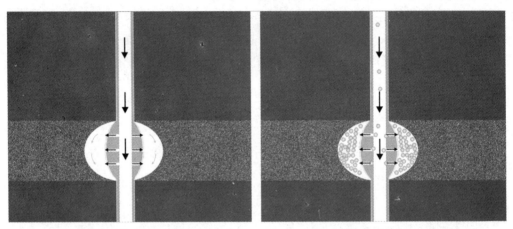

(a) 高速水流对构造煤分层淘洗扩容　　　　(b) 支撑剂堆积在淘洗洞穴部位

图 4-5　构造煤径向裂缝延展模式图

1. 构造煤部位径向应力计算

破碎区域内煤体在高压水射流的冲击下成为松散的粉粒状，无围压时煤体凝聚力消失，不能承受剪力。破碎区内满足（穆朝民和吴阳阳，2013）：

$$\frac{\sigma_r - \sigma_\theta}{2} = k\left(\frac{\sigma_r - 2\sigma_\theta}{3}\right) \tag{4-7}$$

则平衡方程转化为：

$$\frac{d\sigma_r}{dr} + 2\eta \frac{\sigma_r}{r} = 0 \tag{4-8}$$

式中：$\eta = \frac{6k}{3+4k}$；k 为压剪系数。

结合屈服条件 $\sigma_r|_{r=a} = -Y$ 对式（4-8）积分可得：

$$\sigma_r = -Y\left(\frac{a}{r}\right)^{2\eta} \tag{4-9}$$

式中:σ_r 为径向应力;σ_θ 为环向应力;Y 为煤体的单轴抗压强度。

2. 压裂液水流冲击力计算

根据动量定理,经整理后可得到理论最大水射流打击力(刘庭成和范晓红,2008):

$$F = 0.745q\sqrt{p}\sin\varphi \tag{4-10}$$

式中:F 为理论最大水射流打击力(N);q 为水射流体积流量(L/min);p 为水射流压力(MPa);φ 为水射流清洗角度。

4.3 煤储层压裂裂缝延展机制

4.3.1 压裂液体的注入路线

压裂过程遵循质量、动量和能量守恒定律,在一定的埋藏深度条件下,煤储层产生垂直裂缝。煤储层压裂裂缝形状分类包括 KGD 型裂缝、PKN 型裂缝、径向扩展裂缝和全三维裂缝(图4-6)。由于射孔的高度分散效应,压裂液体与裂缝之间就存在很强的机遇选择性,并不是大部分裂缝都具有压裂砂充填的机会,而只有少部分裂缝和套管射孔邻近具有充填支撑剂的可能性。但是当套管外固井水泥环被彻底胀裂以后,压裂液体(包括支撑剂)选择煤层中的软煤分层就近集中堆积。因此被支撑剂密集充填的裂缝,才称为有效压裂裂缝,这类压裂裂缝对后期煤层气井排采具有控制作用。

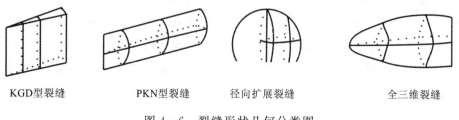

KGD型裂缝　　　　PKN型裂缝　　　径向扩展裂缝　　　　全三维裂缝

图4-6　裂缝形状几何分类图

依据压裂液流体特性,压入流体在进入煤层后将选择阻力最小的路径延伸。而原生的裂缝系统,特别是已有连续通道与基本连通的裂缝系统将是最优先注入的部分,直到煤层中的流体所携带的能量达不到再继续进入新的原生裂缝系统所需要的能量时,压入流体将终止扩张。当压裂流体在得到地面能量持续补给后,压裂流体将继续沿着阻力相对小的裂缝前进。而这一现象已在压裂液流动范围研究部分得到证实,本研究区压裂液体的优势展布方向为北东向,与原生裂缝系统的展布方向一致,同时支撑剂也主要集中在北东方向的裂隙中。实践证明,压裂裂缝往往沿着原生裂缝系统发育部位而展开。

4.3.2 煤储层原生裂隙系统与压裂裂缝延展的关系

煤储层内部发育大量微裂隙,在原始地应力条件下,虽然部分天然微细裂缝呈闭合状态,属隐裂缝,但是一旦受到外来注入压力的作用,微细裂缝就会不同程度地张开,将天然隐裂缝诱发为显裂缝,对流体渗流产生影响(图 4-7)。裂缝性砂岩储层中的裂缝大都成组出现,而且是多组裂缝同时存在,每一条裂缝都被其他裂缝所包围,有时还被其他组裂缝切割,在其附近还可能有更低级的裂缝分布,这些都会影响到裂缝尖端的应力状态,改变裂缝尖端应力强度因子。

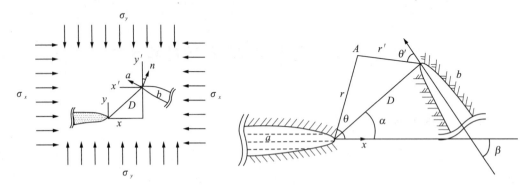

图 4-7 微裂缝和大裂缝具有开启性示意图

室内实验和理论推导表明,两裂缝叠加后的应力场,特别是应力的变化方向发生了很大变化,将在裂缝尖端连线上出现拉应力集中区。拉应力集中克服煤岩原生裂缝端部断裂韧度后,在原生裂缝端部会产生裂缝扩张,水压力的跟踪传递作用导致裂缝一旦形成,其扩展将沿裂缝的尖端发展,并随着水压作用继续发展,直至裂缝之间的相互贯通(图 4-8)。因此,裂缝性煤储层在水力压裂过程中,由于注入压力和注入水的渗流降低了岩石强度,尤其是水力压裂后产生的多缝和分支裂缝会加速成组出现的天然裂缝发生演化、延伸、扩展和裂缝之间的相互贯通,不可避免地引起压裂液的大量滤失,增大了煤储层损害的潜在危险。

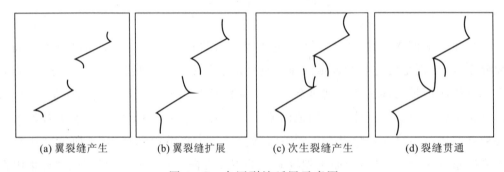

(a) 翼裂缝产生　　(b) 翼裂缝扩展　　(c) 次生裂缝产生　　(d) 裂缝贯通

图 4-8 水压裂缝延展示意图

与原生裂缝比较,煤储层内部新生压裂裂缝的形态主要是打通两条尖灭侧现外生节理之间的阻隔部分。压裂液体在煤储层中形成新裂缝的规模与原生节理裂缝相比是比较小的,其长度一般不足原生裂缝的5%,但是这5%所消耗的能量可能占全部入井能量的绝大部分(图4-9、图4-10)。

成庄区块3#煤储层的原生大裂隙系统比较发育,总体发育两组大的节理系统(图4-9),还常常发育北东向的小断层。在原生煤储层大裂隙系统中,能够对压裂液体形成主要导流作用的关键部分是小断层和大的外生节理。依据现场观测,就小断层和大外生节理导流能力而言,可能后者的导流能力更强,主要依据是小断层的绝大多数断面比较曲杂而且残存有大量煤粉,而大外生节理缝比较平直,缝内比较干净。但是作为主要导流通道的大外生节理系统存在单个节理长度有限的严重缺陷,必须要有3~7条单个节理连续打通,才有可能达到期望的压裂长度。这里就存在一个流体沿着断层流动克服煤粉阻力所消耗的能量与打通大外生节理之间的连接所需要的能量之间的大小比较问题。依据支撑剂和流体的分布特征,在沁水盆地南部解剖煤层气井压裂流体时优先选择了后者。

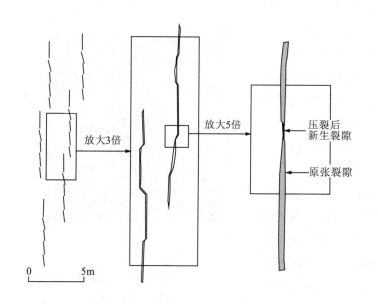
图4-9 沿裂隙带曲线追踪破裂特征图

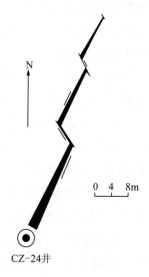
图4-10 压裂裂缝扩张破裂优先追踪邻近外生节理

4.3.3 支撑裂缝颗粒充填扩张力链作用

压裂造缝阶段,当煤储层压裂裂缝扩展沟通后,后期携砂流体进入,通过端部脱砂充填近井部位压裂主干裂缝,并对裂缝实施充填拓宽作用。通过分析煤层气井近井部位充填压裂裂缝在内部密集支撑剂颗粒充填作用下横向扩张,其力学机制类似于密集堆积颗粒在二维单轴受压条件下对筒壁的挤压作用。

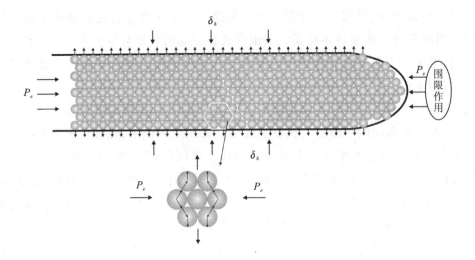

图 4-11 煤层气井近井主干压裂裂缝横向扩展机制

矿井解剖发现,煤层气井近井部分主干压裂裂缝内部由于支撑剂颗粒铺置密度高,颗粒之间达到紧密堆积状态,支撑剂颗粒之间可以通过力链作用传递能量,使得压裂注砂阶段外部施加在压裂流体上的力,通过颗粒力链作用转移至压裂裂缝壁面上,从而致使裂缝横向扩张(图 4-11)。

侧向压力系数 K 为径向应力 σ_{rr} 与轴向应力 σ_{zz} 的比值,$K=\sigma_{rr}/\sigma_{zz}$,称为侧压力系数。Janssen 假设 K 为常数来解释轴向压力按指数规律趋近一饱和值。随着上下边壁的挤压,颗粒体系不断密实,新力链不断生成,且力链的方向逐渐转向 σ_{zz} 方向(图 4-12),分配到侧壁上的份额逐渐减小。实验得出 K 稳定地趋近于 0.54,此时体系足够密实,力链充分发育,而几乎不再发生变化(孙其诚等,2010)。

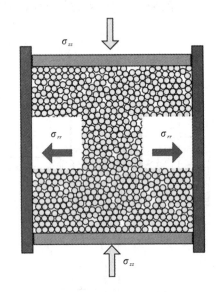

图 4-12 二维颗粒体系单轴压缩示意图
(孙其诚等,2010)

上下边界施加轴向应力 σ_{zz},左右边壁不动,
受到的径向应力为 σ_{rr}

4.3.4 裂缝充填扩张的力学条件

当压裂注入压力 $P_{净}$ 与最小水平主应力 σ_h 之比大于 1.85 时,注入压力通过支撑剂颗粒力链作用于裂缝壁面,充填压裂裂缝能够横向扩张。

对比观测原生节理缝的宽度、压裂支撑剂充填的宽度和缺乏支撑剂支撑的裂缝宽度。在缺乏支撑剂支撑的条件下,压裂后煤储层裂缝重新闭合的比例总体上小于 30%。这一方面与地应力有关,另一方面,与流体进入裂缝以后自身携带的各种煤粉颗粒、节理缝内的方解石颗粒和一部分破碎泥岩颗粒的支撑作用有关,也与煤储层节理缝曲杂的几何形状不能完全重新闭合对接有关。

在被压裂煤层中的软煤分层具有比较强的接受挤塞支撑剂的能力。由于研究区软煤分层的厚度一般为20～30cm,支撑剂进入软煤分层后就形成一个围绕井筒的环状砂饼[图4－13(a)],该饼的最大厚度为8cm,环状半径为20～30cm。向远离井筒的方向厚度迅速减薄,其外侧边缘长短不齐,主要受到软煤分层在钻井过程中的扩孔距离与松动程度的控制。

对于远离井筒方向上,支撑剂颗粒主要分布在垂向的煤储层压裂裂缝内部,支撑剂颗粒充填呈现密集堆积状态[图4－13(b)]。

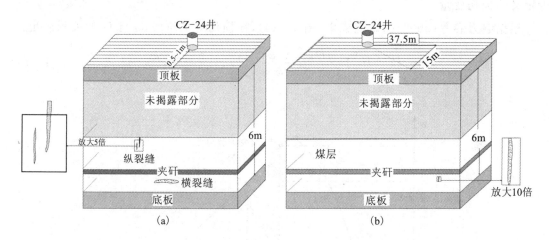

图4－13 压裂砂在煤层中的分布特征图

(a)近井筒支撑剂充填在纵向裂缝与松软煤分层内形成环状砂饼;(b)距离井筒10m支撑剂仅充填在纵向裂缝中

控制压裂后连续延伸裂缝规模的主要因素包括原生裂缝的长度与连通程度、埋藏深度与地应力、压裂流体总量、排量等。在其他条件基本不变的前提下,压裂施工方案对压裂后连续延伸裂缝影响比较显著,其中最重要的是,压裂液体总量、连续排量的大小、各种压裂液体的注入次序。

4.4 煤储层压裂裂缝横向扩张机制损伤力学分析

裂缝体积宽度增加后对围岩形变的影响是,形成了致密低渗区,该条带内部煤体难解吸,且孔渗性较差,对煤层气藏流体产能具有重要的影响。

油气藏水力压裂过程中压裂液对岩体施加载荷,在岩体发生弹性变形阶段,岩体内部孔隙结构不变(卸载后岩体恢复初始状态),当岩体发生损伤变形时,岩体体积形变,内部孔隙结构也发生形变。为了表明压裂过程中岩体损伤阶段的本构关系,定义压裂过程岩体形变的损伤变量为:

$$D = \frac{\varphi_0 - \varphi}{\varphi_0 - \varphi_D} \tag{4-11}$$

式中：φ_0 为岩体的初始孔隙度；φ 为损伤阶段岩体形变过程的孔隙度，决定岩体的损伤程度；φ_D 为岩体完全破裂时的孔隙度，一般取 0.001，此时 $\varphi=\varphi_D$。

假定岩体外载作用下的径向损伤形变满足应力等效性假设，由孔隙度定义和固相质量平衡方程可导出岩体在损伤变形阶段孔隙度与轴向应变的关系为：

$$\varphi = 1 - (1-\varphi_0)e^{[1+2\mu(1-\omega)]\varepsilon} \tag{4-12}$$

式中：μ 为岩体的泊松比；ε 为岩体外载作用下的轴向应变；ω 为以岩体承载面积的相对减少定义的损伤变量。

根据赵万春等（2009）的研究成果（图 4-14），在损伤变形阶段，ω 与 D 的关系满足：

$$\omega = \sqrt{1-\ln\left[1+\frac{D(\varphi_0-\varphi_D)}{1-\varphi_0}\right]} \tag{4-13}$$

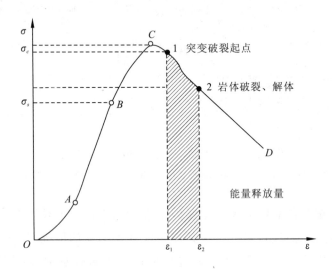

图 4-14 岩体水力压裂应力-应变曲线图（赵万春等，2014）

1. 基质孔隙渗透张量

基质孔隙的渗透率与体积应变的关系可由 Kozeny-Carman 方程导出（戴永浩等，2008），考虑压裂液温度和骨架颗粒对体积变化及材料扩容的影响，渗透率可表示为：

$$K_{ij} = \frac{K_{ij}^0}{1-\varepsilon_s}\left[1-\frac{\varepsilon_s}{\varphi_0^p}-\frac{[\beta\Delta T\delta_{ij}+3(1-2\mu)\sigma'_{ij}/E](1-\varphi_0^p)}{\varphi_0^p}\right]^3 \tag{4-14}$$

其中，$\qquad \sigma'_{ij} = \alpha_{ij}^* P_{ij}^{(s)}(t) - \sigma_{\theta ij}^{(s)} \tag{4-15}$

式中：K_{ij}^0 为基质孔隙的初始渗透张量；β 为热膨胀系数；ΔT 为温差。

2. 裂缝渗透张量

当裂缝受拉开裂,渗透张量的变化(朱珍德和孙钧,1999)可表示为:

$$[k_{ij}^f] = \frac{g\pi}{12\gamma V_0} \sum_{i=1}^{n_i} \frac{N_i}{\bar{N}_i}(a'_i)^2 \cdot \left[b_{0i} + \frac{8(1-\mu^2)\sigma_{ij}n_i n_j a'_i}{E} + \frac{3.28\gamma_W H(1-\mu^2)a'_i}{E}\right]^3 \cdot MM^T \quad (4-16)$$

其中,

$$\left.\begin{array}{c} a'_i = a_{i0}^3 \left[\dfrac{4(1-v^3)}{E_{ijkl}}(\sigma_{ij}n_i n_j)^2\right]^2 \\[6pt] M = \begin{bmatrix} 1-n_1^2 & -n_1 n_2 & -n_1 n_3 \\ -n_2 n_1 & 1-n_2^2 & -n_2 n_3 \\ -n_3 n_1 & -n_3 n_2 & 1-n_3^2 \end{bmatrix} \\[6pt] \sigma_{ij}n_i n_j = a_{ij}^* \cdot n_k^{(s)} n_l^{(s)} e_k^{(s)} e_l^{(s)} : P_{ij}^{(s)}(i) - n_k^{(s)} n_l^{(s)} e_k^{(s)} e_l^{(s)} : \sigma_{\theta ij}^{(s)} \end{array}\right\} \quad (4-17)$$

式中: $N_i(i=1,2,3)$ 为第 i 条裂缝面与其他裂缝面交切数; $\bar{N}_i$ 为第 i 条裂缝面交切数平均值; b_{0i} 为任一组第 i 条裂缝的初始张开度; M 为描述裂缝面产状变量张量矩阵; n_i 为微裂缝面法向矢量的方向余弦。

4.5 小 结

本章基于沁水盆地南部矿井解剖实际,提出了煤储层压裂裂缝发展过程的四个阶段,这对于建立压裂裂缝延展模式至关重要;结合材料力学分析,引入悬臂梁分析模型,提出了煤储层压裂裂缝启裂机制,研究了滤饼对裂缝启裂的影响;借鉴力链理论,分析了饱和充填压裂裂缝后期横向扩张的机制;结合损伤力学理论,阐明了裂缝扩展引起的煤体孔渗性变化规律,查明了压裂裂缝与原生裂缝的关系。

(1)煤储层压裂裂缝的发展过程:①天然大裂隙系统主导了后续压裂裂缝的延展;②外来浆液的侵入,滤饼的形成;③压裂裂缝由滤饼界面间启裂造缝阶段,流体拉力使得滤饼间、滤饼煤岩之间胶结界面强度破坏,裂缝启裂,裂缝延展至滤饼尖灭后,与原始天然大裂隙系统沟通;④加砂阶段,裂缝端部脱砂楔体堵塞,裂缝横向扩张,形成短而宽的充填压裂裂缝。

(2)根据材料力学理论,在荷载作用下复合材界面裂纹尖端附近的开裂面相互渗透或闭合,该相互渗透区域非常小,远小于断裂过程区。复合材界面的剪切断裂实验现象表明,界面呈脆性断裂特征,线弹性断裂力学方法可适用于复合材界面,也可用于分析煤储层压裂裂缝启裂过程中界面的断开现象。本书利用垮塌煤岩体冲击力模型对构造煤储层径向裂缝启裂机制进行了分析。

(3)矿井解剖发现,煤层气井近井部分主干压裂裂缝内部由于支撑剂颗粒铺置密度高,颗粒之间达到紧密堆积状态。利用力链力学分析认为,支撑剂颗粒之间可以通过力链作用传递能量,使得压裂注砂阶段外部施加在压裂流体上的力,通过颗粒力链作用转移至压裂裂缝壁面上,从而致使裂缝横向扩张。

(4)利用损伤力学理论,研究了水力压裂裂缝横向扩展后对裂缝两侧煤体孔渗性伤害变化程度。

第五章 煤储层压裂裂缝充填机制

5.1 煤粉源集合体分布特征

煤粉源集合体是指煤层气开发前即赋存于煤储层中具有一定分布规律,且煤层气开发中可启动的煤粉单元。按照赋存部位和规模,可分为构造煤粉源集合体和原生裂缝煤粉源集合体。

1. 构造煤粉源集合体分布特征

(1)垂向构造煤粉源集合体。垂向构造煤粉源集合体顺煤层节理或裂隙展布。煤粉源集合体宽达1m,垂向高度为4~5m,体积为25m³左右(图5-1)。构造煤粉源集合体通过构造节理相连成组,形成煤粉源集合体集群,连通单个煤粉源集合体的裂隙中常充填有粉末状软煤,夹少量粒径为3mm左右的碎粒,手试略有潮湿感,推测与垂向节理导水有关。

(2)顺层构造煤粉源集合体。顺层构造煤粉源集合体含顶底板附近、硬煤层间构造煤粉源集合体,其中硬煤层间煤粉源集合体走向长度20m以上。在构造平缓部位,煤粉源集合体厚度达30cm,最厚60cm;在构造起伏地区,其厚度在1m以上,向两侧逐渐尖灭(图5-2)。此类煤粉源集合体多发育在煤层中下部。

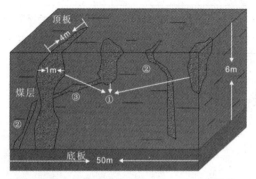

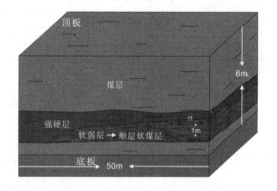

①垂向发育的软煤结构体;②含有2~3cm厚粉状煤的裂隙带;③连通软煤结构体的裂隙发育带

图5-1 垂向构造煤粉源集合体　　　　图5-2 顺层构造煤粉源集合体

2. 原生裂缝煤粉源集合体分布特征

原生裂缝煤粉源集合体广泛分布于煤储层内生裂隙缝间和部分气胀节理内部(乌效鸣,1997),煤粉的数量和分布特征与成煤过程中煤岩基质收缩作用及煤中镜质组的含量有关。相对于构造部位构造煤粉源集合体和构造节理内迁移煤粉而言,原生裂缝内煤粉多为原位赋存,后期未发生大规模的搬运;煤粉颗粒组成主要为煤岩本身的天然细微颗粒,其中黏土矿物是煤中细微颗粒的重要来源。通过煤岩组分测试,黏土矿物主要为高岭石、伊利石、绿泥石和伊/蒙混层矿物,其中以高岭石和伊利石为主(陈振宏等,2009)。

原生裂缝内的煤粉多附着在煤岩内生裂隙缝壁上,少量以自由状态堆积在裂缝底部,颗粒分布均匀,在不同煤阶煤岩内生裂隙中均有发现。由于原生裂缝内煤粉颗粒以无机黏土矿物为主,因此水力压裂中其与压裂砂之间重力分异性并不明显。与构造煤粉源集合体相比,原生裂缝煤粉源集合体规模较小,其发育规模与煤变质程度、煤岩类型及煤中内生裂隙发育程度有关(赵俊芳等,2013),以中变质烟煤中原生裂缝煤粉源集合体最为发育。

3. 煤储层煤粉源集合体特征对比

对比构造煤粉源集合体和原生裂缝煤粉源集合体,发现二者在赋存部位、赋存状态、发育规模、组分特征、与压裂砂重力分异性及分布程度上均存在显著差异(表5-1),其中赋存部位、赋存状态、发育规模等决定煤粉在煤层气开发过程中的产出特征(包括产出时间、产出能力),而煤粉颗粒组分特征、与压裂砂重力分异性等直接影响煤粉颗粒在压裂裂缝通道内运移和沉降特征。

表 5-1 构造煤粉源与原生裂缝煤粉源特征对比

类型	赋存部位	赋存状态	发育规模	组分	与压裂砂重力分异	分布普遍程度
构造煤粉源	煤层顶底板、小微构造附近	层状、锥状	较大	有机煤岩组分为主	重力分异明显	分布相对局限
原生裂缝煤粉源	煤岩内生裂隙缝间	分散形态	较小	无机矿物为主	重力分异不明显	普遍存在,受煤阶和煤岩特征影响

5.2 煤粉源集合体造浆作用和聚集作用

5.2.1 构造煤粉源集合体造浆作用

1. 完井过程中构造煤粉源集合体卸压作用

钻井过程中,孔壁附近破碎的煤粉源集合体垮塌形成扩径带,扩径带外部煤粉源集合体卸压形成扰动带,扰动带内煤粉由于压实性降低,膨胀系数增大,因此启动性能受到激发。钻井液通过淘洗侵蚀、水的"软化"作用,将煤粉从煤粉源集合体中剥离,扩大了扩孔范围[图5-3(a)]。

固井过程中,构造煤粉源集合体的扩孔空间被水泥浆固结充填,但外部的扰动带仍为卸压环境,远端为原始应力带[图5-3(b)]。

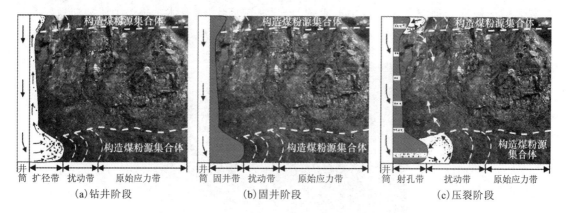

图5-3 构造煤粉源集合体压裂造浆作用

2. 压裂过程中流体脉动冲刷作用

压裂过程中,进入构造煤粉源集合体扰动带内的压裂液水流流速沿边界法向梯度较大,水流流动呈层流或紊流边界层型流动,流动区域存在着大量"旋涡"(黄细彬等,2006),旋涡水流加速对构造煤粉源集合体卸压区煤体的侵蚀,而且地面变排量注入造成压裂液水流的脉动作用均能克服煤粉颗粒粒间作用力,促进煤粉颗粒的启动。因此煤储层中压裂液的波动性越强,就越能促进煤粉的启动。随着压裂液对扰动区的不断冲刷,构造煤粉源集合体的卸压空间不断扩大,远端的扰动带边界逐渐向后推移[图5-3(c)]。

3. 压裂液中煤粉的沉淀及返排作用

因地面排量、压力变化造成的水流波动使得煤粉颗粒在压裂液中形成"浆液状"混合物(图5-4)。整个水流转化成为均一的一相浑水,出现"浆河"。

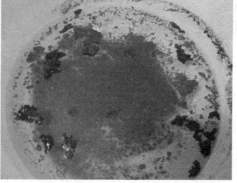

图5-4 煤粉造浆后形成的一相浑水

未滤失的"浆液状"混合物进入煤储层深部,在这个迁移过程中,煤粉颗粒在重力作用下一直有脱离悬浮液而沉降的趋势,形成煤储层压裂裂缝底部含无机矿物高密度煤粉滞留层;同时,由于有机组成煤粉颗粒较轻(近似于压裂液密度),加之裂缝壁、支撑剂对煤粉颗粒的阻力,以及颗粒间的相互碰撞,使运动颗粒本身能量不断损失(蒋华义等,2005),因此煤粉颗粒能够均匀地混在压裂液中形成类似于"水煤浆状"的流体。排采中压裂液返排可使煤粉快速回流至近井部位,在排采早期即可与支撑剂混合堵塞压裂裂缝和炮眼(图5-5)。

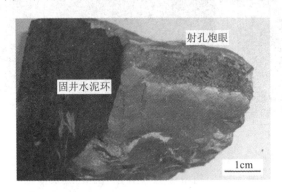

图5-5 煤粉支撑剂混合物堵塞射孔炮眼

5.2.2 原生裂缝煤粉源集合体聚集作用

煤层气井水力压裂中,由于压裂液对裂缝两侧煤体的冲刷,原生裂缝(主要是煤岩内生裂隙内)煤粉源集合体中的分散煤粉[图5-6(a)]在水流携带下进入主干压裂裂缝。由于煤粉颗粒疏水相互作用能的存在,使得疏水相互作用表现为强吸引力,因此,即使在高电位条件下,疏水引力也能克服静电排斥能,使分散煤粉颗粒在压裂液中发生聚集[图5-6(b)],最终在压裂裂缝内形成小规模的堵塞[图5-6(c)]。

(a)原生裂缝中的分散煤粉　　(b)分散煤粉在压裂液中聚集　　(c)后期形成的煤粉聚集体

图5-6 原生裂缝内煤粉在压裂液中发生聚集作用

5.3 煤粉源集合体对水力压裂效果的影响

5.3.1 煤粉源集合体发育特征

通过沁水盆地煤储层小微构造和煤体结构特征矿井解剖,发现不同煤变质程度和构造背景下煤粉源集合体发育特征差异明显,具体表现为:煤层埋藏深度越深,构造复杂程度越强,则煤储层大裂隙系统越发育,且煤体结构越破碎,构造煤粉源集合体规模越大;而煤储层原生裂缝煤粉源集合体赋存受埋深、构造条件影响较小,主要受煤变质程度和煤岩类型控制(表5-2)。

表5-2 沁水盆地南部煤粉源集合体发育特征对比

特 征	3#煤储层	8#煤储层
平均埋藏深度(m)	550	590
小微构造特征	缓单斜(地层倾角3°~5°)、小微褶曲构造(垂向高度<10m)为主	小微陷落柱(轴径<20 m)、小微正断层构造(断距<5m)为主
大裂隙系统发育程度	欠发育	发育适中型
煤体结构特征	煤体结构完整	煤体结构轻微破碎
煤粉源发育特征	煤粉主要为原生裂缝煤粉源集合体,且煤粉量较少	煤粉主要分布在原生裂缝内,构造煤粉少见,煤粉量中等

5.3.2 煤层气井水力压裂效果对比分析

沁水盆地南部3#煤储层压裂曲线属于快速下降型[图5-7(a)]。压裂开始就显示出地层破裂,破裂压力约23MPa。破裂压力梯度较高,说明天然裂缝欠发育。地层破裂之后,排量不变,增大砂比后,施工压力保持稳定,表明裂缝延伸阻力较小,压裂裂缝畅通。该实例说明原生裂缝煤粉源集合体对气井压裂不构成威胁,压裂效果较理想。

沁水盆地南部8#煤储层压裂曲线属于轻微波动型[图5-7(b)]。破裂压力约30MPa。破裂压力梯度中等,表明原生裂缝中等发育。后期随着施工砂比增加,施工压力快速上升,表明本区煤储层中原生裂缝内煤粉源发生"聚集"作用并与压裂砂混合堵塞裂缝,但后期压力快速下降亦表明堵塞程度有限。该实例说明随着构造煤粉的出现,气井压裂效果受到一定影响,但仍可控。

上述开发实例对比发现,构造煤粉源集合体对气井压裂效果影响更为严重,主要表现为:①压裂过程中憋压严重;②矿井解剖发现此类压裂裂缝形态多为"短宽"型,泄流面积有限;③煤层气井快速减产等特征。

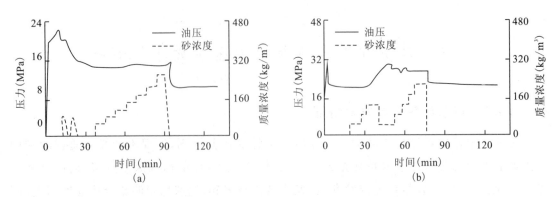

图 5-7 沁水盆地南部煤储层压裂曲线特征对比图
(a)3#煤储层压裂曲线；(b)8#煤储层压裂曲线

5.3.3 煤粉源控制压裂效果机理及防控措施

当压裂液为紊流态时，压裂液不仅能够反复对煤体进行淘洗，从而加速原生裂缝煤粉源集合体产出、聚集，而且水流的波动使压裂液中构造煤粉造浆，煤粉、压裂砂呈分散状态，颗粒沉降分异慢（王鸿勋和张士诚，1998；李明忠等，2000），后期煤层气井排采过程中压裂液携带煤粉和压裂砂返排，快速将近井部位裂缝通道堵塞；加之压裂液滤失速度快，压裂闭合时间短，煤粉和压裂砂尚未沉淀裂缝即闭合，会导致压裂裂缝在全高上堵塞；且由于压裂砂与煤粉未能很好地分异，压裂砂体内煤粉颗粒嵌入严重，也会严重伤害支撑裂缝的导流能力。

通过上述分析认为，控制压裂液波动，避免煤粉发生造浆、聚集及回避煤粉源等手段，均可减缓煤粉的启动和返吐，从而降低裂缝堵塞程度和范围，具体方法包括：①压裂忌频繁改变注入压力和排量，应维持稳定；②忌压裂中途停泵，避免煤粉颗粒聚集；③降低压裂液注入流速，限制煤粉颗粒的启动；④利用煤储层小微构造解剖识别技术，预测构造煤粉源集合体发育部位与特征，对于构造煤粉源可不射孔，避免压裂液与煤粉源带直接接触。

5.4 煤层气井近井压裂裂缝堵塞机制

1. 煤层气井近井压裂裂缝堵塞模式

煤层气井近井压裂裂缝堵塞受裂缝内充填颗粒分布、运移和滤饼发育范围的联合控制，基于矿井解剖，提出了近井压裂裂缝堵塞模式（图5-8）。

(1)完井期间，完井浆液在压差作用下沿构造节理侵入煤储层，并在煤层气井近井部位天然裂隙壁面形成滤饼，其中钻井浆液滤饼侵入深度为5m，水泥浆滤饼侵入深度不足5m[图5-8(a)]。而水泥浆侵入的深度和部位，具体取决于钻井浆液滤饼与煤岩构造节理壁面的胶结强度。

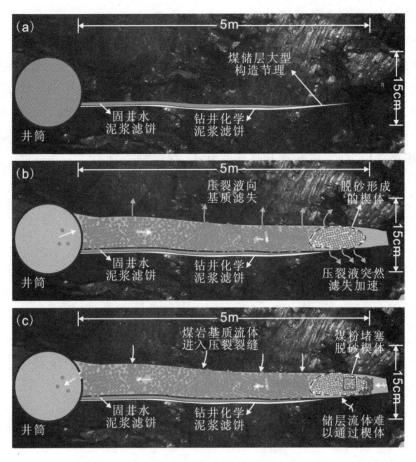

图 5-8 压裂裂缝脱砂楔体形成及煤粉运移联合堵塞机制
(a)完井期间；(b)压裂期间；(c)排采期间

(2)压裂期间,压裂液突破水泥浆滤饼与煤岩界面进入构造节理缝,近井部位由于构造节理一侧壁面发育滤饼,因此压裂液只能沿另一侧煤岩壁面滤失,滤失速度相对较慢,而当压裂液流经至滤饼尖灭位置时,由于裂缝两侧煤岩完全裸露,压裂液滤失速度突然增大,在地面砂比和注入排量未来得及调整情况下即发生脱砂,并形成脱砂楔体[图 5-8(b)],如果后期注入的压裂液及支撑剂能力不足以冲破该楔体,则近端压裂裂缝只能在原生构造节理基础上进行拓宽,而且脱砂楔体在后期压裂流体冲击下通过颗粒间力链作用逐步压实致密(孙其诚和王光谦,2009)。

(3)排采期间,煤储层内气液两相流体携带大量煤粉颗粒流向井筒,流经脱砂楔体部位时,由于脱砂楔体内部支撑剂颗粒细小,压实致密过滤能力强。因此大颗粒煤粉难以进入楔体,只能堆积在脱砂楔体前方,而一定粒径范围内的煤粉颗粒虽能进入楔体,但最终会卡在支撑剂颗粒粒间孔隙的孔喉,导致压裂裂缝在此部位发生严重的内部堵塞[图 5-8(c)小方框内],极大地制约了后期煤储层流体返排,导致煤层气井减产甚至停产。

2. 允许煤粉通过的脱砂楔体内部支撑剂粒径

煤储层压裂裂缝内气液两相流体携带煤粉颗粒通过脱砂楔体堵塞,类似于致密砂岩气藏内流体携带颗粒堵塞储层孔隙喉道,据此进行支撑剂颗粒与堵塞煤粉颗粒粒度关系分析。将支撑剂和煤粉颗粒简化成刚性球体,不考虑颗粒通过过程中的压缩变形;且认为支撑剂颗粒为最紧密的排列堆积,孔隙度最小,且颗粒粒径一致;此外暂不考虑煤粉颗粒在支撑剂表面的附着效应。基于以上假设,构建了脱砂楔体过滤煤粉堵塞模型(图5-9),其中支撑剂粒径为d_P,支撑剂孔喉直径为d_T,煤粉粒径为d_F。

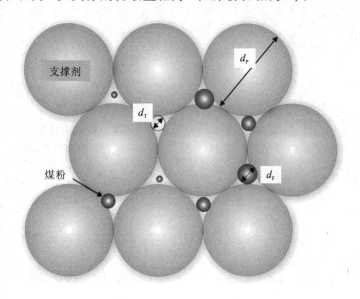

图5-9 脱砂楔体过滤煤粉堵塞模型图

计算公式如下:

$$d_T = d_P \times \frac{1 - \sin 60°}{\sin 60°} \tag{5-1}$$

根据颗粒黄金过滤原则(雷炜,2014;Bedrikovetsky等,2001),如果煤粉颗粒粒径小于支撑剂孔喉直径1/7倍时,则煤粉通过脱砂楔体;而当煤粉颗粒粒径与支撑剂孔喉直径之比为1/3~2/3时,则煤粉卡在支撑剂孔喉形成架桥,孔喉逐渐狭窄,有更小煤粉进入后形成渐进堵塞,从而严重堵塞裂缝。当煤粉颗粒粒径大于支撑剂孔喉直径时,则煤粉堆积在脱砂楔体前方。为防止脱砂楔体过滤煤粉堵塞,优选支撑剂粒径的原则是:一要允许占比例较多的细粒煤粉进入脱砂楔体,防止煤粉堆积在楔体前方;二要保证进入脱砂楔体的煤粉顺利通过,防止其卡在孔喉处形成颗粒架桥,发生渐进堵塞。据此原则,支撑剂紧密堆积后其孔喉直径与煤粉颗粒粒径之比应大于3即可。

沁水盆地南部煤层气井产出煤粉颗粒粒径中值为0.045mm(邹雨时等,2012)。据公式(5-1)计算,水力压裂注砂初期注入的支撑剂颗粒粒径应大于0.900mm(20目),可减轻煤层气井排采后期近井压裂裂缝脱砂楔体处的堵塞,维持压裂裂缝导流能力,同时考虑注砂初期脱砂楔体的形成是导致后期压裂裂缝堵塞的诱因。因此,在注砂阶段应采取提高携砂液黏度降低滤失、增大注入排量及稳定砂比等措施,防止楔体形成。煤层气井二次解堵的重点是改善脱砂楔体部位的导流能力(王生维等,2012)。

5.5 小　结

本章基于矿井解剖,提出了煤粉源集合体和脱砂楔体的概念,并对煤层气井近井部位堵塞物的来源、堵塞的基本形式和机制进行了分析,为后续煤层气井二次解堵工艺选择提供了依据。

(1)煤粉源集合体分为构造煤粉源集合体和原生裂缝煤粉源集合体。构造煤粉源集合体沿断层、构造节理面分布或顺层分布,发育规模较大;原生裂缝煤粉源集合体较分散,发育规模小。

(2)构造煤粉源集合体对压裂效果影响显著。钻井阶段构造煤粉源集合体失稳垮塌形成卸压区,为后期煤粉产出创造了条件。压裂液进入构造煤粉源集合体卸压空间后,煤粉在上举力及脉动压力作用下启动,并在压裂液中形成"水煤浆状"流体,排采中压裂液返排可使煤粉快速回流至近井部位,在排采早期即可与支撑剂混合堵塞压裂裂缝和炮眼。

(3)由于裂缝壁面滤饼尖灭部位压裂液滤失加速,发生脱砂并形成脱砂楔体,楔体在后续流体冲击下压实致密,过滤能力较强。后期气液两相流携带煤粉颗粒流经脱砂楔体时受到过滤作用,粒径大于支撑剂孔喉直径的煤粉堆积在楔体前方,粒径与支撑剂孔喉直径之比为 $1/3 \sim 2/3$ 的煤粉卡在孔喉处,发生架桥,形成渐进堵塞,当支撑剂孔喉直径与煤粉颗粒粒径之比大于3时,后者可通过脱砂楔体。通过计算,针对沁水盆地南部煤区粒径中值为0.045mm的煤粉,注入支撑剂颗粒粒径应大于0.900mm(20目)方可避免煤粉堵塞,维持砂体孔渗性。

(4)固井中严控水泥返高,压裂注砂阶段应采取提高携砂液黏度降滤失、增大注入排量及稳定砂比等措施防止楔体形成。煤层气井二次解堵的重点是改善脱砂楔体部位导流能力。

参考文献

艾池,张晓光,赵万春,等.裂缝诱导损伤力学模型研究[J].佳木斯大学学报(自然科学版),2008,26(5):627-629.

曹伟.不同类型构造煤层气特征及采气优选方案分析[D].太原:太原理工大学,2015.

陈海栋.保护层开采过程中卸载煤体损伤及渗透性演化特征研究[D].徐州:中国矿业大学,2013.

陈勉,金衍,张广清.石油工程岩石力学[M].北京:科学出版社,2008.

陈振宏,王一兵,孙平.煤粉产出对高煤阶煤层气井产能的影响及其控制[J].煤炭学报,2009,34(2):229-232.

程亮,卢义玉,葛兆龙,等.倾斜煤层水力压裂起裂压力计算模型及判断准则[J].岩土力学,2015,36(2):444-450.

程远方,吴百烈,李娜,等.煤层压裂裂缝延伸及影响因素分析[J].特种油气藏,2013,20(2):126-129.

程远方,吴百烈,袁征,等.煤层气井水力压裂"T"型缝延伸模型的建立及应用[J].煤炭学报,2013,38(8):1430-1434.

戴永浩,陈卫忠,伍国军,等.非饱和岩体弹塑性损伤模型研究与应用[J].岩石力学与工程学报,2008,27(4):728-735.

邓广哲,王世斌,黄炳香.煤岩水压裂缝扩展行为特性研究[J].岩石力学与工程学报,2004,23(20):3489-3493.

董平川.岩石破碎的连续损伤力学模型[J].西南石油学院学报,1992,14(增刊):57-62.

杜成良,姬长生,罗天雨,等.水力压裂多裂缝产生机理及影响因素[J].特种油气藏,2006,15(3):19-22.

杜春志,茅献彪,卜万奎.水力压裂时煤层裂缝的扩展分析[J].采矿与安全工程学报,2008,25(2):231-238.

范承贵,解发生,马建民.树脂涂层砂在压裂上的应用[J].石油钻采工艺,1989(3):93-98.

范铁刚,张广清.注液速率及压裂液黏度对煤层水力裂缝形态的影响[J].中国石油大学学报(自然科学版),2014,38(4):117-123.

高文学,杨军.脆性岩石冲击损伤模型研究[J].岩石力学与工程学报,2000,19(2):153-156.

韩金轩,杨兆中,王会来,等.煤储层压裂液滤失计算模型[J].煤炭学报,2014,39(S2):441-446.

何俊铧,陈立超,胡奇,等.不同原生裂缝壁面特征对煤储层压裂造缝影响的对比分析[J].煤炭学

参考文献

报,2014(9):1868-1872.

何俊铧,陈立超,胡奇,等.不同原生裂缝壁面特征对煤储层压裂造缝影响的对比分析[J].煤炭学报,2014,39(9):1868-1872.

何俊铧.煤层气藏水力压裂三维特征及天然裂缝壁面对其影响研究[D].武汉:中国地质大学,2015.

胡景宏,何顺利,李勇明,等.压裂液强制返排中支撑剂回流理论及应用研究[J].西南石油大学学报(自然科学版),2008,30(4):111-114.

胡宗军,李和平,白嘉楠.基于Gurson损伤力学模型的糜棱岩成因有限元分析[J].固体力学学报,2006,27(专辑):143-147.

黄荣樽.地层破裂压力预测模式的探讨[J].华东石油学院学报,1984(4):335-347.

黄荣樽.水力压裂裂缝的起裂和扩展[J].石油勘探与开发,1981(5):62-74.

黄细彬,袁银忠,王世夏.含沙高速水流的磨蚀机理和掺气抗磨作用[J].水利与建筑工程学报,2006,4(1):1-5.

黄志文,李治平,赵忠健,等.携砂液在裂缝中的流动阻力理论分析[J].天然气地球科学,2005,16(6):784-787.

蒋海,杨兆中,李小刚,等.裂缝面滤失对压裂井产能的影响分析[J].长江大学学报(自然科学版),2008,5(1):87-89.

蒋宏伟,翟应虎,刘德铸.损伤力学在粗面岩水力压裂裂缝延伸机理研究中的应用[J].石油钻采工艺,2007,29(1):44-47.

蒋华义,赵松,赵贤明,等.压力波动条件下微粒运移规律的实验研究[J].钻采工艺,2005,28(4):70-73.

蒋惺耀,王允诚,孟慕尧,等.水力压裂机理研究[J].成都地质学院学报,1983(1):82-93.

雷群,青云,蒋廷学,等.用于提高低-特低渗透油气藏改造效果的缝网压裂技术[J].石油学报,2009,30(2):237-241.

雷炜.致密砂岩气藏地层水回注悬浮物粒径的确定及工艺配套[J].钻采工艺,2014,37(6):88-91.

李宾元.断裂力学对油气井"水力压裂"的破裂压力分析[J].西南石油学院学报,1984(1):23-36.

李广平,陶振宇.真三轴条件下的岩石细观损伤力学模型[J].岩土工程学报,1995,17(1):24-31.

李广平.类岩石材料微裂缝损伤模型分析[J].岩石力学与工程学报,1995,14(2):107-117.

李连崇,杨天鸿,唐春安.岩石水压致裂过程的耦合分析[J].岩石力学与工程学报,2003,22(7):1060-1066.

李明潮,梁生正,赵克镜.煤层气及其勘探开发[M].北京:地质出版社,1996.

李明忠,王卫阳,何岩峰,等.垂直井筒携砂规律研究[J].石油大学学报(自然科学版),2000,24(2):33-35.

李树刚,马瑞峰,徐满贵,等.地应力差对煤层水力压裂的影响[J].煤矿安全,2015,46(3):140-144.

李同林.煤岩层水力压裂造缝机理分析[J].天然气工业,1997,17(4):53-55.

李同林.水压致裂煤层裂缝发育特点的研究[J].地球科学——中国地质大学学报,1994,19(4):537-545.

李伟,要惠芳,刘鸿福,等.基于显微 CT 的不同煤体结构煤三维孔隙精细表征[J].煤炭学报,2014,39(6):1127-1132.

李玮,闫铁,毕雪亮.基于分形方法的水力压裂裂缝起裂扩展机理[J].中国石油大学学报(自然科学版),2008,32(5):87-91.

李文魁.多裂缝压裂改造技术在煤层气井压裂中的应用[J].西安石油学院学报(自然科学版),2000,15(5):37-39.

李新平,朱维申.多裂隙岩体的损伤断裂模型及模型试验田[J].岩土力学,1991,12(2):5-14.

李银平,杨春和.裂纹几何特征对压剪复合断裂的影响分析[J].岩石力学与工程学报,2006,25(3):462-466.

李勇明,郭建春,赵金洲,等.裂缝性储层压裂液滤失计算模型研究[J].天然气工业,2005,25(3):99-101.

李勇明,郭建春,赵金洲,等.裂缝性气藏压裂液滤失模型的研究及应用[J].石油勘探与开发,2004b,31(5):120-122.

李勇明,赵金洲,郭建春,等.裂缝-溶洞型碳酸盐岩气藏压裂液滤失计算新模型[J].天然气工业,2004a,24(9):113-116.

李兆霞.损伤力学及其应用[M].北京:科学出版社,2002.

李哲,肖伟丽,徐占春.鳞片石墨在水中的聚团行为[J].黑龙江科技学院学报,2011,21(6):425-428.

李正军.基于最小耗能原理水力压裂裂缝启裂及扩展规律研究[D].大庆:东北石油大学,2011.

连志龙.水力压裂扩展的流固耦合数值模拟研究[D].合肥:中国科学技术大学,2007.

凌建明,蒋爵光,傅永胜.非贯通裂隙岩体力学特性的损伤力学分析[J].岩石力学与工程学报,1992,11(4):373-383.

凌建明,蒋爵光,傅永胜.非贯通裂隙岩体力学特性的损伤力学分析[J].岩石力学与工程学报,1995,11(4):373-383.

刘豆豆.高地应力下岩石卸载破坏机理及应用研究[D].济南:山东大学,2008.

刘会虎,桑树勋,李梦溪,等.沁水盆地煤层气井压裂影响因素分析及工艺优化[J].煤炭科学技术,2013,41(11):98-102.

刘建军,杜广林,薛强.水力压裂的连续损伤模型初探[J].机械强度,2004,26(S):134-137.

刘庭成,范晓红.高压水射流清洗机射流打击力的研究分析[J].清洗世界,2008,24(12):26-29.

刘翔鹦,张景和,余建华,等.水力压裂裂缝形态和破裂压力的研究[J].石油勘探与开发,1983(4):37-44.

卢应发,葛修润.岩石损伤本构理论[J].岩土力学,1990,11(2):67-72.

参考文献

罗天雨,赵金洲,王嘉淮,等.复杂裂缝产生机理研究[J].断块油气田,2008,15(3):46-49.

罗天雨.水力压裂多裂缝基础理论研究[D].成都:西南石油大学,2006.

穆朝民,吴阳阳.高压水射流冲击下煤体破碎强度的确定[J].应用力学学报,2013,30(3):451-456.

倪骁慧,朱珍德,赵杰,等.岩石破裂全程数字化细观损伤力学试验研究[J].岩土力学,2009,30(11):3283-3290.

钱凯,赵庆波,汪泽成.煤层甲烷气勘探开发理论与实验测试技术[M].北京:石油工业出版社,1996.

秦跃平,张金峰,王林.岩石损伤力学理论模型初探[J].岩石力学与工程学报,2003,22(4):646-650.

秦跃平.岩石损伤力学模型及其本构方程的探讨[J].岩石力学与工程学报,2001,20(4):560-562.

桑树勋,秦勇,傅雪海.陆相盆地煤层气地质[M].徐州:中国矿业大学出版社,2001.

宋晨鹏,卢义玉,夏彬伟,等.天然裂缝对煤层水力压裂裂缝扩展的影响[J].东北大学学报(自然科学版),2014,35(5):756-760.

宋佳,卢渊,李永寿,等.煤岩压裂液动滤失实验研究[J].油气藏评价与开发,2011,1(1-2):74-77.

孙其诚,金峰,王光谦,等.二维颗粒体系单轴压缩形成的力链结构[J].物理学报,2010,59(1):30-37.

孙其诚,王光谦.颗粒物质力学导论[M].北京:科学出版社,2009.

唐立强,杨敬源,王勇,等.井壁稳定性的断裂损伤力学分析[J].哈尔滨工程大学学报,2007,28(6):642-646.

唐书恒,朱宝存,颜志丰.地应力对煤层气井水力压裂裂缝发育的影响[J].煤炭学报,2011,36(1):65-69.

陶振宇,曾亚武,赵震英.节理岩体损伤模型及验证[J].水利学报,1991,10(6):52-58.

王鸿勋,范承亚.水力压裂中一种新型的加砂方式[J].华东石油学院学报,1981(2):30-40.

王鸿勋,衣同春.利用幂律液体压裂时水平裂缝几何尺寸的数值计算方法[J].石油学报,1984,6(4):65-75.

王鸿勋,张士诚.水力压裂设计数值计算方法[M].北京:石油工业出版社,1998.

王鸿勋.水力压裂原理[M].北京:石油工业出版社,1983.

王金龙,林卓英,吴玉山.脆性岩石的损伤与裂隙扩展[J].岩土力学,1990,11(3):1-8.

王生维,段连秀,张明,等.煤储层评价原理技术方法及应用[M].武汉:中国地质大学出版社,2012.

王素玲,姜民政,刘合.基于损伤力学分析的水力压裂三维裂缝形态研究[J].岩土力学,2011,32(7):2205-2210.

王素玲,张一鸣,姜民政,等.裂缝在非均匀岩层内扩展机理研究[J].力学与实践,2012,34

(6):38-45.

王童,聂勋勇,王平全,等.水力压裂中压裂液滤失模型研究[J].钻井液与完井液,2008,25(3):10-12.

王钰.基于损伤理论的水力压裂人工裂缝应力场研究[D].大庆:东北石油大学,2012.

王仲茂,胡江明.水力压裂形成裂缝形态的研究[J].石油勘探与开发,1994,21(6):66-69.

魏宏超.煤层气井水力压裂多裂缝理论与酸化改造探索[D].武汉:中国地质大学,2011.

乌效鸣,屠厚泽.煤层水力压裂典型裂缝形态分析与基本尺寸确定[J].地球科学——中国地质大学学报,1995,25(1):112-116.

乌效鸣.煤层气井水力压裂与计算原理及应用[M].武汉:中国地质大学出版社,1997.

乌效鸣.煤层气井水力压裂裂缝产状和形态研究[J].探矿工程,1995(6):19-21.

吴继周,曲德斌,孟宪军.水力压裂裂缝几何形态数值模拟的研究[J].大庆石油学院学报,1988,12(4):30-36.

吴晓东,席长丰,王国强.煤层气井复杂水力压裂裂缝模型研究[J].天然气工业,2006,26(12):124-126.

席先武,郑丽梅.煤层压裂液滤失系数计算方法探讨[J].天然气工业,2001,21(3):45-47.

谢和平,陈至达.岩石的连续损伤力学模型探讨[J].煤炭学报,1988(1):33-42.

谢和平.岩石材料的局部损伤力学[J].岩石力学与工程学报,1988,7(2):147-154.

谢和平.岩石混凝土损伤力学[M].徐州:中国矿业大学出版社,1990.

徐小丽,高峰,季明.温度作用下花岗岩断裂行为损伤力学分析[J].武汉理工大学学报,2010,32(1):143-147.

许露露,崔金榜,黄赛鹏,等.煤层气储层水力压裂裂缝扩展模型分析及应用[J].煤炭学报,2014,39(10):2068-2074.

阳友奎,肖长富,邱贤德,等.水力压裂裂缝形态与缝内压力分布[J].重庆大学学报(自然科学版),1995,18(3):20-26.

杨帆.一个描述脆性材料非线性行为的损伤力学模型[J].力学学报,1995,27(6):682-690.

杨更社.岩石细观损伤力学特性及本构关系的CT识别煤[J].煤炭学报,2000,25(增刊):102-106.

杨焦生,王一兵,李安启,等.煤岩水力裂缝扩展规律试验研究[J].煤炭学报,2012,37(1):73-77.

杨丽娜,陈勉.水力压裂中多裂缝间相互干扰力学分析[J].石油大学学报(自然科学版),2003,27(3):43-45.

杨尚谕,杨秀娟,闫相祯,等.煤层气水力压裂缝内变密度支撑剂运移规律[J].煤炭学报,2014,39(12):2459-2465.

杨天鸿,谭国焕,唐春安,等.非均匀性对岩石水压致裂过程的影响[J].岩土工程学报,2002,24(6):724-728.

杨小军.CFRP-木材复合材料界面力学特性研究[D].南京:南京林业大学,2012.

杨友卿.岩石强度的损伤力学分析[J].岩石力学与工程学报,1998,18(1):23-27.

姚飞.水力裂缝延伸过程中的岩石断裂韧性[J].岩石力学与工程学报,2004,23(14):2346-2350.

衣同春.利用幂律液体压裂时水平裂缝几何尺寸的求解方法[J].华东石油学院学报,1986,10(4):9-13.

殷有泉.岩石的塑性、损伤及其本构表述[J].地质科学,1995,30(1):63-70.

张芬娜,綦耀光,徐春成,等.煤粉对煤层气井产气通道的影响分析[J].中国矿业大学学报,2013,42(3):428-435.

张鹏.煤层气井压裂液流动和支撑剂分布规律研究[D].青岛:中国石油大学,2011.

赵德安.节理型岩体损伤弹性的损伤力学算法[J].兰州铁道学院学报(自然科学版),2001,20(3):1-3.

赵金洲,任岚,胡永全,等.裂缝性地层水力裂缝张性起裂压力分析[J].岩石力学与工程学报,2012,32(增1):2855-2862.

赵俊芳,王生维,秦义,等.煤层气井煤粉特征及成因研究[J].天然气地球科学,2013,24(6):1316-1319.

赵万春,艾池,李玉伟,等.基于损伤理论双重介质水力压裂岩体劣化与孔渗特性变化理论研究[J].岩石力学与工程学报,2009,28(增2):3490-3496.

赵万春,王婷婷,付晓飞,等.水力压裂岩体损伤破裂折迭突变模型研究与应用[J].岩石力学与工程学报,2014,33(增2):3406-3411.

赵万春.水力压裂岩体非线性损伤演化研究[D].大庆:东北石油大学,2009.

赵忠虎,谢和平.岩石变形过程中的能量传递和耗散研究[J].四川大学学报(工程科学版),2008,40(2):26-31.

周家文,杨兴国,符文熹,等.脆性岩石单轴循环加卸载试验及断裂损伤力学特性研究[J].岩石力学与工程学报,2010,29(6):1172-1183.

周健,陈勉,金衍,等.裂缝性储层水力裂缝扩展机理试验研究[J].石油学报,2007,28(5):109-113.

周筑宝.最小耗能原理及其应用[M].北京:科学出版社,2001.

周筑宝.最小耗能原理在结构分析中的应用[J].湘潭大学学报(自然科学版),1998,16(1):33-36.

朱宝存,唐书恒,张佳赞.煤岩与顶底板岩石力学性质及对煤储层压裂的影响[J].煤炭学报,2009,34(6):756-760.

朱珍德,孙钧.裂隙岩体非稳态渗流场与损伤场耦合分析模型[J].四川联合大学学报(工程科学版),1999,3(4):73-80.

邹雨时,马新仿,王雷,等.中、高煤阶煤岩压裂裂缝导流能力实验研究[J].煤炭学报,2011,36(3):473-476.

邹雨时,张士诚,张劲,等.煤粉对裂缝导流能力的伤害机理[J].煤炭学报,2012,37(11):1890-1894.

Advani S H, Torok J S, Lee J K, et al. Explicit time-dependent solutions and numerical evaluations for penny-shaped hydraulic fracture models[J]. J Geophys Res. ,1987,92(B8):8049-8055.

Bedrikovetsky P G, Marchesin D, Checaira F, et al. Characterization of deep bed filtration system from laboratory pressure drop measurements[J]. Journal of Petroleum Science and Engineering,2001,64:167-177.

Carter R D. Derivation of the general equation for estimating the extent of the fracture area[J]. Drilling and Production Practice, API,1957:261-270.

Cui X, Bustin R M. Volumetric strain associated with methane desorption and its impact on coalbed gas production from deep coal seams [J]. AAPG Bulletin, 2005, 89(9):1181-1202.

Daneshy Y. Hydraulic fracture propagation in layer formations[C]. 1978,SPE:6088.

Diamond W P, Oyler D C. Effects of stimulation treatments on coalbeds and surrounding strata - evidence from underground observations[R]. U S Bureau of Mines RI 9083,1987.

Dougill J W, Lau J N. Mechanics in Eng[M]. ASCE EMD,1976:222-355.

Dragon A, Mroz Z. A continuum model for plastic - behavior of rock and concrete[J]. Int J Engineering Science,1979(17):121-137.

Geeptsma J, Haafkens R. Comparison of the theories to Prediet width and extent of vertical hydraulieally indueed fractures[C]. 31st Annual Petroleum Mechanical Engineering conferenee, 1976.

Geertsma J, Klerk F. A rapid method of predicting width and extent of hydraulically induced fractures[J]. Journal of Petroleum Technology, 1969(21):1571-1581.

Geertsma J. A comparison of the theory equilibrium cracks[J]. Advance in Applied Mechanies, 1962(7):55.

Gurson A L. Continuum theory of ductile rupture in void nucleation and growth part I:yield criteria and flow rules for porous ductile media[J]. J Eng Mater Tech, 1977(4):2-15.

Hubbert M K, Willis D G. Mechanics of hydraulic fracturing [J]. Journal of Petroleum Technology,1957,9(6):153-168.

Kachanov L M. Time of the rupture process under creep conditions, Izv Akad Nauk SSSR[J]. Otd Tech Nauk,1958(8):26-31.

Khanna A, Keshavrz A, Mobbs K,et al. Stimulation of the natural fracture system by graded proppant injection[J]. Journal of Petroleum Science and Engineering,2013(111):71-77.

Khristianovich S A, Zheltov Y P. Formation of vertical fractures by means of highly viscous liquid [C]. Proceedings of the Fourth World Petroleum Congress,Rome,1955.

Krajcinovic D. Damage mechanics[J]. Mech Mater, 1989(8):117-119.

Lemaitre J. How to use damage mechanics [J]. Nuelear Engineering and Design, 1984, 80:233-245.

参考文献

McDaniel B W, Mcmechan D E, Stegent N A. Proper use of proppant slugs and viscous gel slugs can improve proppant placement during hydraulic fracturing application[C]. SPE71661, 2001.

Nordgren R P. Propagation of a vertical hydraulic fracture [J]. SPE Journal, 1972, 12(8): 306-314.

Orerbuy W K, Yost A B, Wilkins D A, et al. Inducing multiple hydraulic fracture from horizontal wellbore[C]. SPE18249, 1988.

Palmer I, Mansoori J. How permeability depends on stress and pore pressure in coalbeds, a new model[C]. SPE Annual Technical Conference and Exhibition, 1996, Denver, Colorado.

Perkins T K, Kern L R. Width of hydraulic fracture[J]. Journal of Petroleum Technology, 1961, 13(9): 937-949.

Rabotnov Y N. Creep problems in structural members[D]. North-Holland, Amsterdam, 1969.

Savitski A A, Detournay E. Propagation of a penny-shaped fluid-driven fracture in an impermeable rock: asymptotic solutions[J]. International Journal of Solids and Structures, 2002 (39): 6311-6337.

Veatch R W. Overview of current hydraulic fracturing design and treatment technology-part I[J]. JPT, 1983, 35(4): 677-687.

Weijiers L, Wright C A, Sugiyama H, et al. Simultaneous propagation of multiple hydraulic fracture -evidence, impact and modeling implication[C]. SPE64772, 2000.